SURSATURATION

PARIS. — TYPOGRAPHIE WALDER, RUE BONAPARTE, 44.

ACTUALITÉS SCIENTIFIQUES
PUBLIÉES PAR M. L'ABBÉ MOIGNO

PREMIÈRE SÉRIE. — N° 25.

SURSATURATION

I. — DES SOLUTIONS GAZEUSES
II. — DES SOLUTIONS DE VAPEURS
III. — DES SOLUTIONS SALINES

PAR

M. CHARLES TOMLINSON
F. R. S., F. C. S., etc.

TRADUIT DE L'ANGLAIS

Sous la direction de M. l'abbé MOIGNO

PARIS
AU BUREAU DU JOURNAL *LES MONDES*
11, RUE BERNARD-PALISSY
ET CHEZ M. GAUTHIER-VILLARS, IMPRIMEUR-LIBRAIRE
55, quai des Grands-Augustins

1872

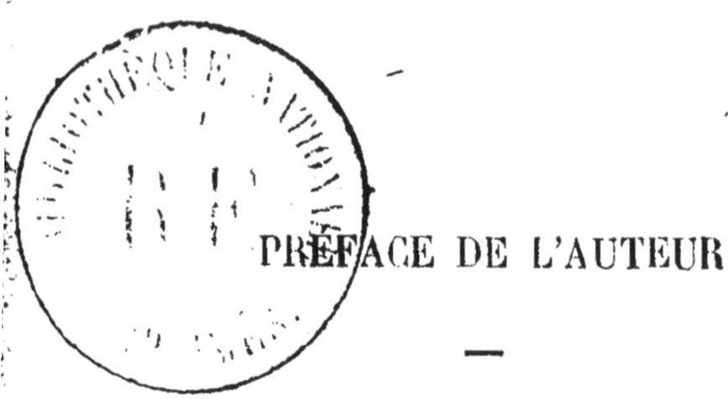

PRÉFACE DE L'AUTEUR

Les pages suivantes contiennent l'exposé d'une séric de recherches qui se sont prolongées pendant quelques années. J'espère que plusieurs des résultats ont jeté un jour nouveau sur une branche difficile de la science physico-chimique. Mais parce que des recherches originales sont comme celles d'un homme qui cherche à tâtons son chemin dans l'obscurité, il peut se faire que, dans une ou deux de mes conclusions, j'aie pris le mauvais chemin. Les récentes recherches magistrales du docteur de Coppet sur l'effet des basses températures sur les solutions salines l'ont conduit à des conclusions différentes de celles auxquelles je suis arrivé. Mais mon principal objet, dans cette série d'études, était de faire voir que l'état de sursaturation était un état physique réel, se produisant à de très-basses températures. Les points sur lesquels nous différons m'engageront à faire de nouvelles expériences. Telle est l'immensité de la nature qu'elle donne aux recherches originales son stimulant aussi bien que son charme.

Ceux qui travaillent à la découverte de la vérité dans ce si vaste domaine doivent se regarder, non comme des rivaux, mais comme des frères marchant de concert sous les yeux du même Souverain Maître.

Ch. Tomlinson.

Highgate, près de Londres, 18 juin 1872.

PRÉFACE DE L'ÉDITEUR

Qu'il me soit permis d'ajouter quelques mots à cette trop courte et trop modeste préface.

Les notes présentées successivement à la Société royale de Londres ou publiées dans les journaux anglais par M. Ch. Tomlinson, sur l'action des noyaux, le nombre et la variété si grande de ses expériences, m'avaient vivement intéressé, et j'avais résolu de les résumer dans une *Actualité* qui ferait suite au volume de *Physique moléculaire*. Mais personne ne pouvait mieux faire ce résumé que l'auteur lui-même. J'eus le bonheur de le rencontrer l'année dernière à Edimbourg, je lui exprimai mon désir, et il s'est noblement exécuté. Je l'en remercie de tout mon cœur.

Dans la Clef de la Science, pour expliquer le dégagement des bulles de gaz du vin de champagne au contact, soit des parois soit d'un morceau de pain ou de sucre qu'on y plonge, j'avais cru de voir mettre en jeu deux forces antagonistes : la force de dissolution du liquide, qui enchaîne le gaz, l'attraction capillaire qui enchaîne le liquide. L'exercice de la seconde force contrebalançant l'exercice de la première, le gaz se trouvait mis en liberté. M. Tomlinson ne croit pas à l'intervention de l'action capillaire, il maintient l'explication qu'il a très-habilement résumée dans l'introduction. Je m'incline devant lui, heureux au moins et quelque peu fier d'avoir ouvert aux lecteurs français le trésor de ses charmantes recherches. — L'abbé F. Moigno.

INTRODUCTION

ET

RÉSUMÉ GÉNÉRAL

—

Une solution sursaturée d'un gaz, dont la surface est exposée librement à l'atmosphère, dégage toujours du gaz, soit avec effervescence, soit en silence et d'une manière imperceptible. Cela vient de ce que le gaz en excès n'adhère que faiblement au liquide, et que pour lui l'air est virtuellement un vide; il y passe instantanément comme dans un vide réel. Le reste de la surface du liquide, celle qui est limitée par les parois du vase, peut être considérée comme étant exactement dans la même condition, mais avec deux modifications : 1° l'état de pureté chimique des parois; 2° la pression qu'elles exercent virtuellement sur le liquide. 1° Supposons que le vase soit chimiquement pur. Il ne se dégagera pas de gaz et il ne se formera pas de bulles sur les parois, parce que l'adhérence entre les parois et le liquide est parfaite; par conséquent, les parois peuvent être considérées comme la simple continuation du liquide lui-même ; il ne s'y formera pas plus de bulles que dans les parties centrales du liquide. 2° Mais supposons que les parois ne soient pas chimiquement pures, qu'elles soient réellement sales : l'adhérence sera diminuée ou détruite ; par conséquent, la surface du liquide près de ces parois sera virtuellement aussi libre que la surface supérieure ; il s'y formera donc des bulles, comme à la surface supérieure ; mais dans ce dernier cas elles n'apparaissent pas sous la forme de bulles (excepté quand il y a effervescence), parce qu'il n'y a pas de pression. Les parois exercent une pression, et c'est pourquoi il s'y forme des bulles. Maintenant qu'il y ait ou non de l'air entre les parois et le liquide ; il peut y avoir un gaz quelconque, peut-être du vide, et le résultat sera le même. La fonction de l'air n'est pas de provoquer le dégagement du gaz ou la formation des bulles. En réalité il n'adhère pas. Maintenant appliquez ceci au cas d'une baguette de verre, d'une pièce de monnaie, d'un fragment de silex, etc., soi-disant inactifs. Une baguette de verre introduite dans le liquide ne fait rien de plus que de former de nouvelles parois au vase, et son effet est simplement celui des parois. Si elle est chimiquement pure, il ne se formera pas de bulles autour d'elle, elle sera donc « inactive, » parce que son adhérence est parfaite. Si elle est sale, la surface du liquide en contact avec elle sera comme si elle était libre, ou presque libre, comme la surface supérieure. La théorie est exactement la même, comme je tâcherai de le prouver plus tard, dans le cas des noyaux qui provoquent la cristallisation dans les solutions salines. J'essayerai aussi de mettre d'accord avec la même théorie les assertions nombreuses et souvent contradictoires, relatives à l'*ébullition*, et de montrer l'effet de la pureté chimique sur les *points d'ébullition* des liquides, phénomènes qui dépendent tous, selon moi, de la même loi de l'adhérence, et qui n'ont rien à faire avec l'air, sinon indirectement.

ACTIONS MOLÉCULAIRES

INFLUENCE MUTUELLE DES MOLÉCULES SOLIDES, LIQUIDES ET GAZEUSES

Sur les solutions sursaturées et l'action des noyaux *par* M. Charles Tomlinson, F. R S., F. C. S., etc. L'illustre physicien veut bien résumer lui-même pour nous toutes ses recherches relatives à cette branche si intéressante de la physique moléculaire. — F. M. — L'action des noyaux occupe aujourd'hui l'attention de plusieurs observateurs ; il y a beaucoup d'obscur et de mystérieux dans cette action, et ce n'est qu'en multipliant les phénomènes et en les étudiant avec soin qu'on peut espérer d'arriver à des lois définies. Pendant ces dernières années M. Tomlinson a consacré une grande partie de son temps à cette question, et nous allons donner un extrait de ses travaux. La question sera divisée en trois parties ; dans la *première* on examinera l'action des noyaux sur les solutions gazeuses sursaturées ; dans la *seconde* la même action sur les solutions sursaturées de vapeurs, et dans la *troisième* cette même action sur les solutions salines sursaturées.

Le lecteur sait qu'une solution sursaturée, d'un sel, par exemple, est un liquide, tel que l'eau, qu'on a laissé refroidir en vase clos après l'avoir chauffé et *saturé* par un sel. Par le refroidissement à la température ordinaire de l'air, le liquide retient en dissolution une quantité bien plus grande de sel qu'il ne pourrait en prendre ou en dissoudre à cette température plus basse, et c'est pour cela qu'on dit qu'il est *sursaturé*.

De même l'eau peut dissoudre un volume égal au sien d'acide carbonique, et on dit qu'elle est *saturée*. Sous une pression, la solution saturée peut prendre un autre volume de CO^2 et l'on dit qu'elle est *sursaturée*. L'eau de seltz, le vin de Champagne, etc., sont des solutions gazeuzes sursaturées.

De même encore un liquide à son point d'ébullition ou près de son point d'ébullition est, suivant les idées de M. Tomlinson, une solution sursaturée de sa propre vapeur.

I. *Sur l'action des noyaux sur lès solutions gazeuses sursaturées.* — En 1806 OErsted a décrit (1) une expérience dans laquelle, une solution filtrée d'un carbonate alcalin étant introduite dans un verre cylindrique, on avait versé doucement sur cette solution une couche d'acide chlorhydrique étendu. On remarqua que, lorsque le gaz se dégageait, c'était sur les parois du vase,

(1) Gehlen's Journal, tome I. page 276.

ou à la surface d'un corps solide introduit dans le liquide. Un fil de platine, une baguette de verre, une petite écaille de laque, le doigt, ou un tout petit morceau de matière solide quelconque se recouvraient instantanément de gaz, et le gaz se dégageait vivement de leur surface. OErsted indique un grand nombre de cas où un corps solide dégage un gaz d'une solution, mais il ne peut nullement expliquer le phénomène.

En 1837, Schœnbein (1) fit voir que des fils métalliques, des morceaux de bois, etc., dégageaient du gaz en abondance lorsqu'on les mettait dans une solution d'acide nitreux, ou dans de l'acide nitrique contenant des oxydes inférieurs d'azote. Le dégagement du gaz est beaucoup trop abondant pour qu'on puisse l'expliquer par une action chimique ; il n'y a pas d'action chimique, car non-seulement il n'y a pas d'élévation de température pendant l'effervescence, mais il se produit même un léger abaissement. Au bout d'un certain temps le corps solide cesse d'agir. Schœnbein regarde comme probable que les solides agissent en entraînant de l'air, dans lequel le gaz se développe, et que, lorsqu'ils sont privés d'air, ils sont inactifs.

En 1839, Liebig (2) rapporte des exemples de gaz dégagés d'une solution par le contact des corps solides, comme lorsque l'on met du sucre dans une eau minérale contenant de l'acide carbonique (il peut être mis en liberté une quantité de gaz telle que le gaz fasse sauter le

(1) Pogg. Ann. XL 382.
(2) Ann. Ch. Pharm. XXX, 13.

bouchon); et encore lorsqu'on frappe vivement avec la paume de la main l'ouverture d'une bouteille contenant du vin mousseux, un nuage apparaît à la surface. Liebig suppose que dans tous ces cas l'air déplace de l'acide carbonique, et en tenant compte des solubilités relatives de l'air et de CO^2, il suppose que pour chaque pouce cube d'air introduit dans l'eau, 20 pouces de CO^2 seront mis en liberté.

En 1866 M. Gernez (1) a lu sur le dégagement des gaz d'une solution un mémoire intéressant dans lequel il est dit qu'en agitant de l'eau de Seltz ou une solution aqueuse d'acide carbonique avec une baguette solide, cette baguette perdait au bout de quelque temps sa propriété de dégager des bulles de gaz, et que si on la plonge dans l'eau, ou si on la chauffe, ou qu'on la préserve du contact de l'air, elle devient inactive. D'où l'on conclut que ce ne sont pas les corps solides qui dégagent le gaz, mais l'air mis en contact avec lui. On suppose qu'un corps solide, quelque poli qu'il soit, « est recouvert d'une rugosité qui forme une sorte de filet de conduits capillaires dans lesquels les gaz environnants pénètrent et se condensent, » et que « les bulles de gaz ainsi emprisonnées deviennent des centres dans lesquels pénètrent les gaz dissous. » On suppose qu'une immersion prolongée dans l'eau, ou une exposition à la chaleur rend les corps solides inactifs en éloignant l'air de leur surface.

(1) Comptes rendus, 19 novembre, 1866.

En 1867, M. Tomlinson (1) publia un certain nombre d'expériences pour prouver que les corps cessent d'être actifs lorsqu'on a rendu leurs surfaces chimiquement pures en les lavant dans nne solution d'alcali caustique, ou dans de l'acide sulfurique, ou dans de l'esprit de vin, et en les rinçant avec de l'eau pure et les faisant sécher à l'abri du contact de l'air. On dit qu'une substance traitée de cette manière est *catharisée* (2); mais elle cesse bientôt de l'être en la maniant, ou en l'exposant simplement à l'air d'une chambre. Par cette exposition elle devient plus ou moins souillée d'une couche mince à laquelle le gaz d'une solution peut adhérer tandis que l'eau d'une solution ne le peut pas; de là vient qu'à la surface d'un pareil corps il y a une séparation formée par le gaz.

Comme il est très-important que cette théorie soit appuyée sur un grand nombre d'expériences, nous allons rapporter plusieurs des preuves données par M. Tomlinson.

1re *Expérience*. Deux éprouvettes de verre, A et B, ont été nettoyées avec un linge propre. L'éprouvette A a été remplie d'esprit de vin, puis rincée avec de l'eau. On versa doucement de l'eau gazeuse dans les deux éprouvettes; B se recouvrit de bulles de gaz; mais on ne vit pas une seule bulle de gaz à la surface de l'éprouvette A.

(1) *Philosophical Magazine.*

(2) De χαθαρος, pur.

2e *Expérience.* Une baguette de verre et une spatule de platine qui avaient été exposées à l'air ont été plongées dans A. Des bulles de gaz se dégagèrent en abondance de la surface de ces deux corps. On les catharisa ensuite et on les replongea dans l'éprouvette A. On ne vit alors apparaître aucune bulle à leur surface, excepté au-dessus des parties où ils avaient été rendus chimiquement purs.

3e *Expérience.* Une lime à queue-de-rat qui occasionnait dans de l'eau gazeuse un dégagement abondant de gaz a été catharisée avecdifficulté, mais quand elle le fut, elle ne dégagea pas une seule bulle de gaz. On la fit ensuite sécher sur un linge et on la frotta avec la main ; elle dégagea alors du gaz en abondance.

4e *Expérience.* De la limaille de fer dégage abondamment du gaz, mais, lorsqu'elle a été catharisée, elle s'enfonce dans l'eau gazeuse sans dégager aucune trace de gaz.

5e *Expérience.* On a purifié et on a mis dans de l'eau gazeuse un cylindre fermé de toile métallique muni d'un manche. On l'a enfoncé de manière qu'il entraînât une masse d'air dans l'intérieur de la solution gazeuse. L'eau s'infiltra graduellement dans la cage cylindrique, mais il n'y a pas eu de dégagement de gaz. On se frotta l'intérieur des mains avec une petite goutte d'huile et on roula la cage entre les mains. Alors elle n'eût pas plutôt touché l'eau gazeuse, qu'on entendit se produire une vive effervescence qui devenait plus abondante à mesure qu'on enfonçait la cage.

6e *Expérience.* Un gros fragment de caillou dégageait du gaz de toutes les parties de sa surface On le cassa en deux morceaux et on le mit de nouveau dans l'eau gazeuse. Il ne se dégagea pas une seule bulle de gaz des deux surfaces nouvelles qui avaient été en effet catharisées par la nature.

7e *Expérience.* Un tube étroit de 11 pouces de longueur a été maintenu verticalement pendant une heure dans de l'esprit de vin à une profondeur de cinq pouces. On le lava ensuite dans de l'eau, on ferma avec le doigt son extrémité supérieure, et on le plongea ainsi dans de l'eau gazeuse. Il n'y eut pas de dégagement de gaz. On enfonça le tube à différentes profondeurs et on retira le doigt de manière que la solution pût entrer dans le tube. Il n'y eut pas de dégagement de gaz jusqu'à ce que l'immersion du tube allât au-delà de cinq pouces, et alors à la limite marquée par l'esprit de vin, et au-dessus de cette limite, il y a eu dégagement de gaz et à l'intérieur et à l'extérieur du tube. L'eau gazeuse avait six pouces de profondeur ; le tube était chimiquement pur sur une longueur de cinq pouces à l'intérieur et à l'extérieur. Au-dessus de ces cinq pouces il y avait un pouce du tube qui mettait du gaz en liberté. On retira le tube, on l'essuya, on le frotta avec la main et on le mit de nouveau dans l'eau gazeuze. Le tube se recouvrit de bulles de gaz sur toute la longueur des six pouces, tandis qu'il ne s'en dégageait pas plus qu'auparavant de l'intérieur sur une longueur de cinq pouces.

Une solution sursaturée de gaz qui a sa surface supérieure exposée librement à l'atmosphère laisse toujours échapper du gaz, soit avec effervescence, soit sans bruit et d'une manière imperceptible. Il en est ainsi, à cause que le gaz en excès n'adhère que faiblement au liquide, et que l'air est virtuellement un vide pour lui. Maintenant le reste de la surface du liquide, ou celle qui est limitée par les parois du vase peut être considérée comme étant dans la même condition, soumise à deux modifications : 1. De la part de l'état de pureté chimique de la surface des parois, et 2. de la part de la pression qu'ils exercent virtuellement sur le liquide. 1. Supposons que le vase est chimiquement pur. Il ne se dégagera pas de gaz, et il ne se formera pas de bulles sur les parois, parce que l'adhésion qui existe entre les parois et le liquide est parfaite; et par conséquent les parois peuvent être considérées comme une simple continuation du liquide même, et il ne s'y formera pas plus de bulles que dans les parties centrales du liquide. 2. Mais supposons que les parois ne soient pas chimiquement pures, qu'elles soient réellement souillées ; l'adhésion est diminuée ou détruite ; et par conséquent la surface du liquide près de ces parois est virtuellement aussi libre que sa surface supérieure ; il s'y formera donc des bulles, exactement comme à la surface supérieure : mais, dans ce dernier cas, elles n'apparaissent pas sous la forme de bulles (excepté lorsqu'il y a effervescence) à cause qu'il n'y a pas de pression ; les parois exercent une pression, et c'est pour cela qu'il se forme des bulles. Maintenant peu importe qu'il y ait ou non de l'air entre les parois et le liquide; il peut y avoir une espèce de gaz, peut-être du vide, et le résultat sera le même. Ce n'est pas la fonction de l'air d'occasionner le dégagement du gaz ou la formation des bulles de gaz. C'est réellement le défaut d'adhésion. Maintenant appliquons ceci au cas d'une baguette de verre. d'un coin, d'un fragment de caillou, etc., prétendus « inactifs ». Une baguette de verre placée dans le liquide ne fait autre chose que de former de nouvelles parois, comme si elles appartenaient au vase. et ses effets sont simplement ceux des parois. Si la baguette est chimiquement pure, il ne se formera pas de bulles autour d'elle, et par conséquent elle est « inactive, » parce que son adhésion est parfaite. Si elle est souillée, la surface du liquide en contact avec elle sera comme si elle était libre, ou presque libre, comme la surface supérieure.

II. *Action des noyaux sur les solutions de vapeurs sursaturées.* — Pendant un assez grand nombre d'années après la découverte de la pression atmosphérique par l'invention du baromètre, le point d'ébullition d'un liquide fut défini la température à laquelle sa tendance à la vaporisation était égale à la pression atmosphérique, ou la température à laquelle sa vapeur avait une force élastique égale à celle de l'air.

Vers le milieu du siècle dernier, on remarqua que le point d'ébullition de l'eau sous une pression constante varie, entre de certaines limites, selon la profondeur d'immersion du thermomètre dans le liquide bouillant.

Dans les expériences de Dalton et d'autres, pour déterminer les pressions de la vapeur d'eau saturée à différentes températures, audessus ou au-dessous du point normal d'ébullition, on a remarqué que si on laissait monter, au sommet du tube des expériences, une très-petite quantité de soude, ou de quelque autre sel très-soluble dans l'eau, et non de nature à se résoudre en vapeur, la colonne de mercure s'élevait, accusant ainsi une diminution de la force élastique de la vapeur. L'adhésion de l'eau à la soude contrarie la volatilisation de ce liquide, d'où il suit que la tension de l'eau dans une solution de soude, c'est-à-dire sa tendance à émettre de la vapeur, est moindre que celle de l'eau seule, à la même température.

En 1785, Achard (1) montra, par une suite d'expériences, que le point d'ébullition de l'eau, sous une pression constante, est beaucoup plus variable dans les vases métalliques que dans ceux de verre. Il fit voir également que si, lorsque de l'eau est en pleine ébullition dans un vase de verre, on y projette un ou deux grammes de limaille de fer, ou d'autre substance insoluble, le point d'ébullition s'abaisse de 1° Réaumur, ou même davantage, et que cet abaissement de température varie considérablement, selon que cette substance est en bloc ou en poudre.

En 1803, de Luc (2) énonça en temes très-précis,

(1) Nouveaux mémoires de l'Académie royale de Berlin; année 1784-85.

(2) Introduction à la *Physique terrestre par les fluides expansibles*. Paris, 1803.

que l'ébullition est due à l'influence des bulles d'air que la chaleur dégage du liquide. Si l'eau est complétement purgée d'air, elle ne peut bouillir, parce que la vapeur ne peut se former que sur des surfaces libres, comme celles que présentent des bulles d'air. L'eau désaérée ne peu donc bouillir qu'à sa surface libre. De l'eau contenue dans un tube, d'où l'on avait soigneusement expulsé l'air, fut portée à la température de 112°,5 sans bouillir.

En 1812, et de nouveau en 1817, Gay-Lussac (1) discuta les expériences d'Achard, relatives à l'influence du vase sur la température d'ébullition de l'eau, et à la propriété que possèdent la limaille des métaux, le charbon et le verre en poudre d'abaisser cette température. Il supposait que le point d'ébullition dans les différents vases variait suivant la nature de leurs surfaces, et que la variation dépendait, à la fois, de la conductibilité de la matière du vase pour la chaleur et du poli de sa surface. L'eau exige, pour bouillir dans un vase de verre, une température plus élevée que dans un vase de métal; si l'on y jette quelques pincées de limaille de fer, elle continue à bouillir, mais son ébullition devient la même que dans un vase de métal. Avant de recevoir l'aide de la poudre métallique, elle bouillait par éclats, ayant à surmonter la cohésion ou la viscosité du liquide, et sa résistance au changement d'état. L'adhérence du liquide aux parois du vase doit être aussi une

(1) *Annales de Chimie*, vol. LXXXII, p. 171; *Annales de Chimie et de Physique*, vol. VII, p. 307.

force analogue à sa viscosité. L'usage du platine est recommandé pour prévenir les *soubresauts*.

En 1825, Bostock (1) remarqua que de l'éther exposé dans un matras à la chaleur d'une lampe à esprit-de-vin bouillait à 44 degrés; mais que, dans une éprouvette plongée dans de l'eau chaude, il ne donnait pas de signes d'ébullition au-dessous de la température de 65 degrés dans une expérience, et de 79 degrés dans une autre. Des morceaux de bois de cèdre introduits dans l'éther, le faisaient bouillir à 43 degrés; le bois se couvrait de bulles gazeuses jusqu'au moment où (suivant Bostock), s'étant déchargé de tout son air, il devenait inactif et coulait à fond. Des morceaux de tuyaux ou de barbes de plumes, des brins de fil de fer, du verre pilé, etc., avaient également le pouvoir d'abaisser considérablement le point d'ébullition. Un thermomètre, plongé dans de l'éther que l'on chauffait, déterminait une certaine production de bulles à ses points de contact avec le liquide, lorsqu'il fallait encore chauffer de plusieurs degrés pour en obtenir sur les autres points; bientôt cependant, si la température restait constante, l'effet du thermomètre se calmait et cessait totalement; mais il recommençait aussitôt que l'on replongeait cet instrument, et l'on pouvait ainsi faire disparaître et reparaître les bulles indéfiniment.

Legrand (2), en 1835, expliquait aussi l'ébullition par soubresauts en l'attribuant au manque d'air dans le

(1) *Annals of Philosophy*, N. S. vol. IX, p. 196.
(2) *Annales de Chimie et de Physique*, vol. LIX.

liquide. Plusieurs sels préviennent les soubresauts, tandis que d'autres, tels que le tartrate neutre de potasse, les favorisent.

En 1842, Marcet (1) développait l'opinion que le fer, le zinc et autres substances abaissaient le point d'ébullition, parce que leur adhésion moléculaire pour l'eau est moindre que celle du verre. Si le vase est recouvert d'une couche de soufre, de gomme-laque et autre substance pareille, qui n'ait pas d'adhésion sensible pour l'eau, la température de l'eau est la même que celle de sa vapeur. Le point d'ébullition varie dans les flacons de différentes sortes de verre, et quelquefois aussi dans le même flacon. Dans un flacon qui avait servi à contenir de l'acide sulfurique, le point d'ébullition de l'eau pure était de 106 degrés. Ces variations sont attribuées aux changements moléculaires que l'acide aurait opérés à la surface du verre.

En 1843, Donny (2) rapportait les phénomènes à l'influence de l'air ou des gaz dissous dans le liquide ; mais, cette théorie ne différant pas essentiellement de celle que de Luc avait exposée plusieurs années auparavant, nous n'avons pas à en tenir compte.

En 1861, Dufour (3) décrivit une expérience dans laquelle des globules d'eau suspendus dans de l'huile que l'on chauffait pouvaient être portés à la tempéra-

(1) *Annales de Chimie et de Physique*, 3ᵉ série, vol. V, p. 449.

(2) Mémoires couronnés par l'Académie royale de Bruxelles, vol. XVII, publié en 1845.

(3) *Archives de la Bibliothèque universelle de Genève.*

ture de plus de 110 degrés, et même parfois de 178 degrés, sans ébullition; mais assitôt qu'on les touchait avec un corps solide, ils se réduisaient brusquement en vapeur. Les corps poreux, disait-il, produisent le même effet, parce qu'ils apportent de l'air aux globules.

Cette brève notice résume quelques-uns des nombreux mémoires qui ont été publiés sur le phénomène de l'ébullition. Les auteurs sont tous plus ou moins disposés à adopter les conclusions suivantes : 1° Les liquides ne bouillent qu'avec difficulté, et ne produisent que par saccades des jets de vapeur, dès qu'ils ont perdu par la chaleur l'air qu'ils tenaient en dissolution; 2° les liquides qui ont le moins d'affinité pour l'air, tels que l'acide sulfurique, l'alcool, l'éther, etc., sont ceux qui éprouvent le plus de difficulté à bouillir; 3° l'adhésion du liquide au vase, et la cohésion mutuelle de ses propres molécules, ne permettent au liquide qu'une ébullition par éclats, et causent les soubresauts; 4° l'action des substances solides pour prévenir les soubresauts du liquide consiste à lui apporter de l'air.

En publiant sur ce sujet une nouvelle série d'expériences, M. Tomlinson déclare qu'il se propose : 1° de mettre en évidence l'action de noyaux solides pour dégager et rendre libre la vapeur des liquides, lorsqu'ils atteignent ou sont sur le point d'atteindre leur point d'ébullition; 2° de définir les conditions dans lesquelles se produisent les soubresauts; 3° d'indiquer les meilleurs moyens de les prévenir.

Définition. — Un liquide qui arrive ou est tout près d'arriver à son point d'ébullition est une solution sursaturée de sa propre vapeur, constituée exactement comme l'eau de Sedlitz, le vin de Champagne et autres boissons mousseuses, qui sont de véritables solutions de gaz.

Action des noyaux. — Si l'on admet la définition ci-dessus, on découvre immédiatement de quelle manière agissent, dans certains cas, les substances solides pour mettre en liberté la vapeur, et comment, dans d'autres cas, elles restent inactives. Si le solide est net, propre ou chimiquement pur, la solution de vapeur lui est adhérente et il n'y a pas libération de vapeur. Si, au contraire, le solide est impur, son adhésion à la vapeur en particulier est la même que dans le cas précédent, mais celle qu'il avait pour le liquide se trouve plus ou moins diminuée, selon la nature des matières qui constituent son impureté.

Mais il ne suffit pas de classer les corps en *purs* et en *impurs*, il faut aussi les ranger en *poreux* et en *compactes*. Leur porosité influe de la même manière que leur impureté, mais elle a plus d'importance encore. La même force qui rend le charbon, par exemple, capable d'absorber 98 volumes de gaz ammoniac lui donne le pouvoir, au milieu d'un liquide bouillant, d'accélérer le dégagement de la vapeur, et de se comporter comme un noyau éminemment efficace.

Les liquides soumis aux expériences furent l'eau, l'alcool, l'éther, l'esprit de bois, la naphthe, le bisulfure de carbone, le benzol, l'huile de paraffine, l'essence de térébenthine, l'huile de romarin, et quelques autres huiles essentielles.

Parmi ces divers liquides, ceux dont le point d'ébullition est le plus bas sont les plus convenables pour la démonstration des phénomènes. Le liquide choisi pour l'expérience est introduit dans un tube, qu'il remplit au tiers ou à moitié, et ce tube lui-même pénètre dans un flacon de 180 grammes presque plein d'eau; il doit descendre jusqu'au fond du flacon, et passer librement par le col. On chauffe l'eau avec une lampe à esprit-de-vin, qu'on n'applique pas précisément au-dessous du point de contact du flacon avec le tube, mais un peu à côté, parce qu'on veut seulement élever la température du liquide jusque près de son point d'ébullition sans l'atteindre absolument. Le flacon peut d'ailleurs être posé sur le support d'une cornue. De temps à autre, on prend la température du liquide, et chaque fois qu'on en retire le thermomètre, on le place dans un verre long qui contient un peu de liquide de même nature.

1re *Expérience.* — Le bisulfure de carbone, qui bout à une basse température et cède facilement sa vapeur, est très-propre à montrer l'action des noyaux solides. Aussitôt que le tube qui en contenait était descendu dans l'eau chaude, d'épais nuages de vapeur blanche s'élevaient de sa surface et montaient vers le sommet du tube; mais au lieu de se répandre au dehors, elles se condensaient en larges gouttes qui bientôt retournaient au liquide en ruisselant le long du tube. Si l'on touchait la surface du liquide avec l'extrémité d'un fil de laiton, on déterminait immédiatement une violente ébullition dont les bulles jaillissaient jusqu'à l'orifice du tube, et le calme revenait dès qu'on retirait le fil. En touchant la surface du liquide avec un léger morceau de papier, on produisait les mêmes effets.

Il importe de noter que dans cette expérience les corps qui touchaient le liquide ne pouvaient lui apporter aucune quantité d'air, et que l'ébullition n'avait d'autre durée que celle du contact de ces corps.

2e *Expérience.* — La surface du liquide fut touchée aussi par l'extrémité d'un fil de fer, qui donna lieu pareillement à un grand dégagement de vapeur. Elle fut touchée par l'extrémité d'une petite baguette de verre, et l'on remarqua que l'action fut très-vive en deux points, de chacun desquels partait un rapide courant de bulles. Sur les autres points le verre était parfaitement net, ou il l'était devenu par le fait de son immersion dans le liquide chaud, car le verre se nettoie facilement dans les liquides chauffés jusque près de leur point d'ébullition.

3e *Expérience.* — Mais on dit que les corps à surfaces rugueuses sont les plus actifs pour opérer le dégagement des vapeurs. Le bisulfure de carbone fut touché par une lime en queue de rat, et une furieuse ébullition se produisit. Ensuite, la lime ayant été tenue dans la flamme d'une lampe à esprit-de-vin, elle en fut retirée brûlante et placée dans le haut du tube où elle était préservée des courants d'air, et on l'y laissa se refroidir jusqu'à ce que sa température fût devenue à peu près la même que celle du liquide. Alors, avec sa pointe, on toucha la surface du bisulfure, et il ne se produisit rien ; on fit descendre la lime doucement jusqu'au fond du tube, sans voir paraître une bulle de vapeur. On la retira pour l'agiter dans l'air pendant quelques minutes, et aussitôt qu'on eut ensuite replongé sa pointe dans le liquide, les bulles reparurent ; elles jaillissaient particulièrement d'un point qui ressemblait à un petit amas de poussier que la lime aurait rapporté de sa course dans l'air. Toutefois, la lime ne tarda pas à se trouver nettoyée, et le dégagemement de vapeur s'arrêta. Retirée encore une fois, promenée dans l'air, puis replongée par sa pointe dans le liquide, elle produisit une nouvelle ébullition.

4e *Expérience.* — Un tube contenant de l'éther fut placé dans le bain d'eau chaude, il atteignit promptement le point d'ébullition, et l'on vit se former dans l'intérieur du tube deux sources de courants de bulles. Ces espèces de sources, consistant dans des points d'une paroi ou d'un fond de vase qui agissent comme des noyaux, sont quelquefois très-puissantes : on les remarque notamment dans le dégagement de l'eau de Sedlitz et dans les cristallisation soudaines des solutions salines sursaturées. Il s'en forme au fond des flacons, des cornues et autres vases où s'opèrent des dégagements de gaz ou de vapeurs. Souvent, le courant est assez rapide pour produire un son musical très-distinct ; s'il est plus rapide encore, il en résulte parfois des effets mécaniques : par exemple de beaux tourbillons qui creusent en cône la surface du liquide. Les noyaux sont généralement des parcelles de fer, de carbone et autres corps de nature poreuse.

5e *Expérience.* — La température du bain s'abaissant, l'éther cessa de bouillir ; mais on lui jeta un petit morceau de papier, et l'ébullition reprit avec fureur ; elle se calma cependant au bout d'un instant, parce que le papier était devenu chimiquement pur. Le papier fut remplacé par un fil de laiton, qu'on fit descendre jusqu'au fond du tube, et il se produisit dans tout le liquide une vive ébullition pendant quelques secondes ; puis, le fil s'étant nettoyé, toute action cessa, sauf un seul point, situé près de l'extrémité, où le courant persista pendant quelques minutes. On retira le fil, et on le lima au point qui formait un noyau, dont on voulait le débarrasser ; mais quand on l'eut remis dans le tube, on vit se reproduire l'ébullition générale, parce que le contact et le frottement des mains contre sa surface lui avaient rendu son impureté. L'ébullition s'amortit assez vite, et toutefois elle persista, non-seulement dans le noyau qu'on avait tenté de supprimer par le limage, mais encore en un autre point, de sorte qu'on eut deux sources de rapides courants de bulles de vapeur. On présuma qu'en ces points se trouvaient enclavées des scories poreuses, qui constituaient les noyaux. Pendant ces expériences, l'éther fut maintenu à la température de 35°,5, et il ne bouillait que par l'introduction des noyaux.

6e *Expérience*. — De l'alcool méthylique fut porté à la température d'environ 86 degrés. Un caillou qui avait été longtemps exposé à l'air y fut introduit, et il se dégagea de la vapeur en abondance. La pierre ayant été enlevée et brisée, on en prit deux fragments dont toutes les faces provenaient de la brisure, et on les plongea dans le liquide : ces faces étant chimiquement pures, on ne remarqua pas une seule bulle de vapeur. Si l'on jetait dans le liquide des fragments dont quelques faces provenaient de la surface qui avait été exposée à l'air, ceux-ci donnaient seuls de la vapeur. Un morceau d'ardoise donna de la vapeur de divers points de ses deux faces; on le retira et on le fendit en deux feuillets qui furent replacés dans le liquide : les anciennes faces se montrèrent actives comme auparavant, mais les nouvelles furent inactives. Le mica et la sélénite ne conviennent pas pour ces expériences; les spécimens de ces matières qui furent essayés contenaient, entre leurs feuillets, de l'air qui s'y etait introduit avec son poussier. Les feuillet qu'on obtenait par le clivage de l'un de ces minéraux, plongés dans de l'eau de Sedlitz, par exemple, présentaient des surfaces chimiquement pures parsemées de noyaux.

L'action des noyaux peut être pareillement constatée dans les huiles où le point d'ébullition est plus élevé, telles que l'huile essentielle de térébenthine, celle de romarin, etc. Lorsque l'huile est bouillante dans le tube au-dessus de la lampe à esprit-de-vin, si l'on y jette un morceau d'ardoise ayant une surface neuve, par suite d'un clivage récent, et qu'ensuite on éloigne la lampe, l'ébullition s'arrête, excepté sur les points du liquide qui sont en contact avec la surface ancienne du morceau d'ardoise, où elle se continue pendant quelques minutes; la surface neuve, au contraire, qui est chimiquement pure, se montre complétement inactive.

Les noyaux se comportent semblablement à l'égard des solutions de gaz sursaturées. Un noyau chimiquement pur ne peut séparer de la solution son gaz ou sa vapeur; un noyau chimiquement impur opère cette séparation dès qu'il a le contact du liquide.

On a prétendu que l'air est un puisant noyau; que c'est l'air seul, apporté par le solide, qui agit comme noyau en séparant les gaz de la solution; et qu'un liquide complétement dépourvu d'air ne peut bouillir, parce qu'il ne s'y trouve rien sur quoi la vapeur puisse se répandre.

Mais on a déjà vu que des masses d'air peuvent être introduites dans l'eau de Sedlitz sans y opérer le dégagement du gaz, pourvuqu'on observe les conditions de la pureté chimique. Une cage en toile métallique pleine d'air, par exemple, peut être plongée dans l'eau de Sedlitz, sans donner lieu à la formation d'une bulle de gaz, ni à l'intérieur, ni à l'extérieur de la toile métallique, si cette toile est chimiquement pure; si elle est impure, un grand dégagement de gaz peut venir de la surface de la cage, mais l'air qu'elle contient reste passif.

On obtient le même résultat dans le cas d'un liquide qui touche à son point d'ébullition, si l'on a soin de donner à la cage la même température avant de la plonger dans le liquide.

7e *Expérience.* — La cage employée dans ces expériences avait 38 millimètres de longueur sur 16 de largeur; elle était faite d'un fil de fer très-fin, tel que celui qu'on emploie pour la construction des blutoirs en usage dans la meunerie. Deux cages semblables avaient été préparées: l'une d'elles fut parfaitement nettoyée et tenue au milieu d'un courant de vapeur d'eau pure, bouillant dans une éprouvette, de manière à mettre sa température en équlibre avec celle de l'eau. Ensuite on la descendit doucement dans l'eau, après en avoir éloigné la lampe. Il n'y eut aucune production de vapeur, aucun des effets qui se seraient produits si l'air avait été un noyau. On avait une masse d'air au milieu du liquide, et cependant il ne s'y répandait pas de vapeur. Les interstices du tissu métallique devaient être incomparablement plus grands que les molécules de l'air, et néanmoins on ne constatait aucun dégagement de vapeur. Cette première cage, qui avait été préalablement purifiée, fut remplacée par la seconde, et celle-ci avait été laissée dans l'état où son constructeur l'avait apportée. Elle fut suspendue dans le courant de vapeur de l'eau du tube, puis descendue dans la même eau dès qu'on en eut écarté la lampe. Aussitôt elle fut couverte de bulles de vapenr, mais on ne remarqua aucune pénétration de vapeur dans la cage, ni aucune expansion d'air ou de vapeur au-dessus de l'enveloppe métallique.

8e *Expérience.* — On obtient un bon résultat avec l'huile de paraffine bouillante à la température de 160 degrés. Lorsque la cage était descendue, elle se remplissait à moitié du liquide, et bien qu'elle fût complétement submergée, aucune action ne se manifestait. Mais peut-être, dira-t-on, le liquide était alors trop éloigné de son point d'ébullition pour donner des vapeurs sous l'influence de quelque noyau que ce fût, pur ou impur. Pour résoudre la question, on jeta dans le liquide un petit fragment de papier; le liquide immédiatement se mit à bouillir bruyamment; il continua ainsi pendant deux minutes, et l'on observa que le papier s'était fixé, vers la fin de ce mouvement, sur le sommet de la cage. On obtint pareillement d'excellents résultats avec l'essence de térébenthine. La cage fut aussi descendue dans l'huile de naphthe et quelques autres huiles à basse température d'ébullition; et toutes les fois qu'il y avait dégagement de vapeur, on pouvait l'attribuer à l'impureté de quelque partie de la cage. On ne doit la descendre qu'avec précaution, pour éviter une trop brusque expansion de l'air, quand elle arrive au fond du tube.

De ce qui précède, on peut tirer cette conclusion, qu'on a attaché trop d'importance à la présence de l'air ou des gaz dans l'eau ou autres liquides, en tant que condition de leur ébullition. L'eau froide ne dissout qu'un cinquantième de son volume d'azote, et un vingt-cinquième de son volume d'oxygène, et ces quantités peuvent se réduire à des traces presque inappréciables dans l'eau chaude ou bouillante. Quelques observateurs prétendent cependant que l'eau purgée d'air par l'ébullition le réabsorbe lorsqu'elle bout encore. La seule fonction de l'air dans l'eau paraît être de diminuer un peu la cohésion des molécules. Si le tube est étroit et chimiquement pur, ou s'il se purifie par l'action du liquide, l'adhésion a une tendance à élever le point d'ébullition. Mais le mode de chauffage a plus d'importance encore sous ce rapport, comme cela résulte évidemment des expériences de de Luc et de celles de Bostock. Dans celle-ci, l'éther que contenait un matras chauffé par une lampe à esprit-de-vin bouillait à 44 degrés; mais s'il était contenu dans une éprouvette placée au sein de l'eau que l'on chauffait, il exigeait, pour bouillir, une température qui variait de 65 à 79 degrés. La différence des conditions de chauffage est d'une importance tellement évidente qu'il pourrait sembler peu nécessaire de s'arrêter à la signaler; mais du moins on ne peut se dispenser d'en tenir compte dans l'étude des conditions desquelles dépend le point d'ébullition des liquides. Lorsque le vase est placé sur une flamme, la partie en contact avec la flamme s'échauffe ou tend à s'échauffer beaucoup plus fortement que le reste du vase. De là résultent des courants actifs dont l'effet est de relâcher la cohésion moléculaire, et de faciliter ainsi la formation de la vapeur. L'eau ne se dispose à prendre la forme de fluide élastique qu'en vertu du surchauffement de la partie du vase en contact avec la flamme. Dans un vase de verre parfaitement pur contenant de l'eau distillée, au-dessus d'une lampe à esprit-de-vin, il ne se forme point de bulles d'air sur les parois du vase, ni à la surface supposée pure d'un thermomètre qui baigne dans le liquide. Les bulles n'apparaissent qu'au fond du vase, disparaissant à mesure qu'elles s'élèvent, jusqu'à ce que l'eau ait acquis la température d'environ 71 degrés. A 82 degrés, de petites bulles de vapeur parviennent du fond jusque près de la surface, avec un bruit de crépitement, mais elles disparaissent encore avant de passer dans l'air. Lorsqu'enfin les bulles atteignent la surface et que de la vapeur se répand au dehors, la cohésion est vaincue, et l'ébullition se continue. C'est ainsi que s'échauffe l'eau dans un vase placé immédiatement au-dessus d'une flamme. Mais lorsque le vase qui contient l'eau est placé lui-même dans un bain liquide qui doit recevoir et lui transmettre l'action de la chaleur, comme c'est le cas des tubes dans les expériences précédentes, toute la colonne liquide du vase intérieur est également chauffée ; à la rigueur, le sommet de la colonne est un peu plus échauffé que la base, puisque dans une masse d'eau chaude les couches supérieures ont une température un peu plus élevée que les couches inférieures ; il n'y a donc plus ici de ces courants qui apportaient de la chaleur de bas en haut ; la cohésion est vaincue ou diminuée par la dilatation et non par un mouvement de convection. La colonne étant ainsi échauffée à peu près également partout, la vapeur ne peut se former en un point plus qu'en un autre, excepté à la surface. Mais cette colonne entière se dilate par l'élévation de la température, et en même temps elle se sature de plus en plus de sa propre vapeur, jusqu'à ce que, sa force élastique étant devenue capable de vaincre la pression, la cohésion et l'adhésion, il se dégage tout à coup des bulles de vapeur. Avant que cette éruption se produise, si la surface est touchée par un solide chimiquement impur, la vapeur qui adhère à sa surface, et qui est ainsi mise en liberté, communique autour d'elle l'action qu'elle a reçue, de même qu'en touchant une solution saline sursaturée, on détermine la cristallisation des parties environnantes, et par suite, de proche en proche, celle de toute la masse.

Si cependant le tube qui contient l'éther, etc., n'est pas pur chimiquement, s'il s'y trouve de petites taches, des pointes, des matières poreuses, bien que tout cela soit invisible à l'œil nu, il se formera des courants de vapeur longtemps avant que la température d'éruption soit atteinte, et il n'y aura pas d'éruption véritable. Ces taches et ces pointes expliquent de nombreux cas d'anomalies dans les cristallisations des solutions salines sursaturées, qui ont embarrassé Löwel et d'autres observateurs. On peut avoir, par exemple, deux tubes en apparence tout à fait semblables, nettoyés de la même manière, contenant une solution chaude filtrée d'un même sel, qu'on expose, dans des circonstances identiques, à un refroidissement graduel ; et il peut arriver qu'une de ces deux solutions se solidifie immédiatement, ou du moins à mesure qu'elle se refroidit, tandis que l'autre restera liquide pendant des semaines et des mois. En examinant la solution solidifiée, on trouvera que la cristallisation a été favorisée par une tache ou une pointe, dans quelque partie du tube, il n'importe où, et que la cristallisation a marché de là, comme d'un centre, dans toutes les directions.

Soubresauts. — Les liquides qui nettoient la surface du vase dans lequel on les fait bouillir favorisent par cela même la production des soubresauts. C'est un effet mécanique qui ne semble pas avoir été suffisamment expliqué. Gay-Lussac dit : « Quand la température d'un liquide s'élève au-dessus du point d'ébullition, il se trouve dans un état forcé : la production instantanée d'une grande quantité de vapeur a pour effet de soulever violemment la masse du liquide, et quelquefois le vase lui-même. »

Mais pourquoi le vase est-il soulevé ? L'éruption de vapeur suit une marche ascendante, suivant la direction où elle trouve le moins de résistance, et il est clair que par réaction elle doit pousser le vase en sens contraire, loin de le soulever. C'est là, en effet, ce qui a lieu au premier instant ; mais ensuite le support du vase réagit par son ressort contre la pression qu'il a reçue, et le fait rejaillir en sens opposé. Pour justifier cette explication, si cela est nécessaire, il suffit de suspendre par un cordon en caoutchouc un vase contenant des cristaux de sulfate de soude et un peu d'eau. Si l'on applique sous le fond du vase la flamme d'une lampe à esprit de vin, les cristaux fondent bientôt en projetant vers le fond une portion de sel anhydre, dans des conditions très-favorables à la production des soubresauts. Si le tube suspendu est placé contre un mur où une marque indique sa hauteur primitive, on voit que chaque soubresaut lui imprime un mouvement brusque dans la direction descendante.

Pour prévenir ou mitiger ces ébullitions tumultueuses et irrégulières, une pratique fort ancienne consiste à introduire dans la cornue ou autre vase quelques fragments angulaires de matières solides, par exemple de platine en feuille, d'argent, de cuivre, de fil ou de limaille de platine, de liége, ou de débris de papier à cartouche. Faraday nomme ces corps auxiliaires des « promoteurs de vaporisation, » sans expliquer leur action ; et il remarque que si on les introduisait brusquement, « le soulèvement de vapeur qui en résulterait tout à coup aurait une telle violence que le remède, probablement, serait pire que le mal. » Telle est précisément l'action des solides impurs introduits dans une solution de gaz sursaturée, ou dans une pareille solution de vapeur, ce qui est le cas d'un liquide dont la température est voisine de son point d'ébullition.

Lorsqu'on emploie pour le même usage du sable, des morceaux de verre, ou d'autres substances non-métalliques, le dégagement de la vapeur n'est facilité par l'influence de ces divers corps qu'aussi longtemps qu'ils sont impurs ; mais comme les corps siliceux sont promtement purifiés par les liquides bouillants, l'introduction du verre ou du sable est souvent plus nuisible qu'utile.

9e *Expérience.* — Environ 60 grammes d'eau distillée contenant un peu de sable provenant du bain de sable furent mis à bouillir dans un flacon allemand de 180 grammes, sur une lampe à esprit de vin. L'ébullition marcha parfaitement sans aucune secousse. La lampe fut retirée, et le liquide fut laissé se refroidir. Le lendemain matin, la lampe fut replacée sous le flacon, mais l'ébullition fut accompagnée de secousses assez violentes pour mettre le vase en danger. C'est que la première ébullition avait nettoyé le sable.

10e *Expérience.* — Du sable purifié par de l'acide sulfurique, et bien lavé, fut introduit dans de l'eau bouillante, et à l'instant même des secousses se produisirent. On obtint le même résultat avec des fragments de verre. Quand ces matières sont chimiquement pures, elles augmentent les surfaces d'adhésion, au lieu de celles qui favorisent l'échappement de la vapeur, c'est-à-dire qu'elles augmentent la difficulté même qui est à vaincre.

Quant à l'action des métaux, il n'y a aucun avantage réel à leur donner des formes pointues, ou à rendre leur surface rugueuse ; seulement, si la surface est de cette nature, les substances propres à faciliter la formation de la vapeur peuvent se loger dans les creux de ses lignes ou entre ses aspérités, et c'est ainsi qu'elle peut être utile ; les surfaces des limes, notamment, sont dans ce cas. La limaille des métaux peut recevoir entre les grains dont elle se compose de petits amas de corpuscules qui font l'office de noyaux. L'expérience suivante permet de comparer l'action de la limaille de fer chimiquement pure avec celle de la même limaille impure.

11e *Expérience.* — Un flacon, préalablement purifié par de l'acide sulfurique, contenait 120 grammes d'eau distillée qui bouillit à 101°,6. On y jeta quelques grains de limaille de fer qui avait été tenue longtemps dans de l'esprit de vin. De nombreuses secousses s'ensuivirent, et la température oscilla entre 100°,6 et 100°,7. On projeta ensuite dans le liquide un peu de limaille non purifiée, et l'effet fut instantané : des bulles pressées ruisselèrent de la nouvelle limaille, et les soubresauts disparurent, la température tombant à 99°,8. On obtint des résultats semblables avec de la limaille de cuivre, des fils de cuivre et de laiton, des feuillets et des fils de platine, purs et impurs.

12e *Expérience.* — Après avoir nettoyé du mercure en l'agitant dans de l'acide nitrique étendu d'eau, et l'y avoir laissé séjourner quelque temps, on en retira une partie du fond du vase. 150 grammes d'eau bouillaient dans un flacon nettoyé, à la température de 99°,9, et l'on y jeta de ce mercure la quantité nécessaire pour former un cercle au fond du flacon. L'eau, un instant refroidie, reprit promptement sa température, et s'éleva même à 101°,1, avec un bon accompagnement de soubresauts, la vapeur se formant sous le mercure, qui se gonflait en hémisphère et se rompait par éclats. La température variait entre 100°,8 et 101°,1. Il eût été dangereux de couvrir entièrement de mercure le fond du vase, car les éclats de vapeur avaient un caractère vraiment explosif. Sur ces entrefaites, on versa dans le liquide une très-petite quantité de mercure sale, environ un soixantième de la quantité qu'il contenait déjà, et le résultat fut des plus remarquables : les saccades, le boursouflement et les éclats firent place à une ébullition régulière, vive et abondante ; c'était une rivière de bulles coulant sans interruption du nouveau métal vers la surface du liquide, tandis que la température restait constante à 100°,1.

On voit, en définitive, que les corps vitreux et les métaux employés dans ces expériences, ainsi que les morceaux de papier, de bois de cèdre, etc., sont des noyaux efficaces, du moins aussi longtemps qu'ils conservent leur impureté chimique. En se purifiant, ils perdent toute leur action, comme « promoteurs de vaporisation. »

Action des corps poreux. — Mais il existe certains corps, tels que le charbon de bois, le coke, etc., qui ne peuvent être rendus inactifs, ni par les acides sulfurique et nitrique, même concentrés, ni par des ébullitions répétées dans l'eau, l'alcool, l'éther, la naphthe, etc. Le morceau de charbon qu'on a tenu dans la flamme de l'esprit de vin, puis dans l'eau de sedlitz, ou dans un liquide chauffé jusqu'au voisinage de son point d'ébullition, ne semble avoir rien perdu de son pouvoir pour le dégagement des gaz ou des vapeurs. On peut le transporter d'un liquide dans un autre, de l'éther dans l'alcool, de l'alcool dans l'eau, et de l'eau dans l'essence de térébenthine, il n'en sera pas moins tout prêt à provoquer ou à régulariser la vaporisation dans quelque autre liquide (1). La même remarque s'applique au coke. On peut le traiter par les plus forts acides, le laver dans l'eau et dans les alcalis sans diminuer l'énergie de son action comme stimulant de la formation des vapeurs dans les liquides chauds. Un morceau de coke dans de l'eau bouillante fait marcher la vaporisation avec une facilité merveilleuse. L'éponge de platine possède la même propriété ; une petite parcelle de cette substance fait naître des jets vigoureux de bulles gazeuses qui élèvent l'eau au-dessus de sa surface. Ainsi que dans le cas du coke ou du charbon de bois, la libération de la vapeur est limitée à l'étendue de la surface du noyau ; pas une bulle visible de vapeur ne se dégage des parois du flacon. Voici maintenant quelques faits qui démontrent l'influence du solide sur la température.

13e *Expérience.* — On fit bouillir 5 onces d'eau distillée dans un flacon nettoyé, la température étant de 101°,9. Une parcelle d'éponge de platine fut chauffée à la flamme d'esprit de vin et introduite dans le flacon. La température s'abaissa à 101°,1, et s'y arrêta. Une seconde parcelle d'éponge de platine fut pareillement

(1) Le charbon de bois de buis, que Saussure trouvait si efficace dans ses expériences sur l'absorption des gaz, se montre très-actif dans l'ébullition des liquides ; mais les charbons des bois les plus légers ont eux-mêmes une activité inépuisable.

chauffée et introduite dans le liquide; elle fut aussi active que la première pour dégager de la vapeur, mais il n'y eut pas un nouvel abaissement de température. Après avoir laissé le liquide se refroidir, on le rechauffa avec la lampe à esprit de vin, et l'on observa des boursouflements et des explosions bruyantes, qui cessèrent quand l'eau arriva dans le voisinage de 93° ; à partir de ce moment, le platine se comporta comme un excellent régulateur de vaporisation.

14e *Expérience.* — L'écume de mer est aussi un puissant noyau. Une parcelle de cette substance fut introduite dans un tube rempli jusqu'au tiers d'essence de térébenthine nouvellement distillée, qui bouillait à 155° environ. Le tube entier se remplit de bulles, et longtemps après qu'on eût retiré la lampe le noyau continua à produire de nombreux courants de bulles; ce dernier effet se remarquait généralement dans les expériences faites sur les corps poreux, mais plus dans certains cas que dans d'autres.

Une pierre ponce d'un beau grain, nettoyée dans de l'acide nitrique, et une autre non-nettoyée furent toutes deux très-actives à mettre de la vapeur en liberté. De même que dans le cas du charbon de bois et de l'écume de mer, ces noyaux ne tardaient pas à tomber au fond du tube, à moins qu'ils ne fussent soutenus par des courants ascendants, tant que la lampe chauffait le flacon, et ils continuaient à opérer des dégagements de vapeur aussi longtemps que la température ne s'éloignait pas notablement du point d'ébullition. Lorsque la température d'un flacon d'eau était descendue au-dessous d'environ 37°, il était placé sous le récipient d'une machine pneumatique, où l'on faisait le vide; l'eau ne tardait pas à bouillir, et la pierre ponce contribuait toujours puissamment à la libération de la vapeur.

La craie, la plombagine et les balles de platine sont d'actifs promoteurs de vaporisation.

Si du charbon de bois est transporté d'un liquide bouillant dans un autre, l'action varie. Par exemple, une parcelle de charbon, tirée du centre d'un morceau volumineux de bonne qualité, fut exposée à une flamme d'esprit de vin jusqu'à ce qu'elle atteignît la chaleur rouge, et ensuite plongée dans de l'eau bouillante. Elle se montra bientôt active, et continua à l'être aussi longtemps que la chaleur fut maintenue. On l'enleva après qu'elle eut agi pendant une demi-heure environ, on la sécha dans un morceau d'étoffe, et on l'introduisit dans de l'essence de térébenthine bouillante. Ici son activité parut merveilleuse, et elle se continua pendant quelques minutes après l'enlèvement de la lampe. Le charbon fut alors séché sur un papier filtre, et ensuite introduit dans de l'esprit de vin et de l'éther; mais on remarqua une grande diminution dans son activité, particulièrement lorsqu'il eut à l'exercer dans l'éther. On le mit ensuite dans de l'eau chaude, et immédiatement il entra en fonctions; il montrait une vigueur que l'on n'avait jamais remarquée dans les charbons purs expérimentés jusqu'alors. Il était actif par deux causes distinctes, sa porosité et son impureté. En vertu de la seconde cause, le charbon qui vient de servir dans de la térébenthine agit avec une force prodigieuse dans l'eau bouillante. Cette considération suffit pour rendre compte du fait observé par Dufour, à savoir que, lorsque dans de l'huile bouillante, des globules d'eau venaient toucher le thermomètre ou les parois du vase, ils se vaporisaient tout à coup avec explosion ; mais il semble probable que les globules d'eau étaient à l'état sphéroïdal dans tous les cas de haute température cités par cet observateur.

La diminution d'activité de charbon et des autres corps poreux dépend de l'ordre suivant lequel on les introduit dans les liquides qui ont des points d'ébullition différents. Si l'on transporte un de ces noyaux d'un liquide à haute température d'ébullition dans un autre à basse température, il perd plus ou moins de son activité, parce que son pouvoir absorbant est déjà satisfait ; mais si on le transporte d'un liquide à basse température d'ébullition dans un liquide à haute température, son activité est augmentée, non-seulement par l'expulsion du liquide absorbé, mais encore par l'accroissement d'impureté chimique qui résulte du procédé. C'est ainsi que le coke, qui est très-actif dans la térébenthine, devient inactif quand on le transporte de ce liquide dans l'esprit de vin ; mais au bout d'un certain temps, il arrive quelquefois qu'un point isolé du solide devient actif, et forme le sommet d'un cône renversé de vapeur, dont l'effet est saisissant.

Conclusions. — Les conclusions de ce qui précède peuvent se formuler ainsi :

1° Un liquide suffisamment rapproché de son point d'ébullition est une solution sursaturée de sa propre vapeur.

2° Un noyau solide non-poreux est efficace ou inefficace pour dégager de la vapeur, selon qu'il est impur chimiquement, ou qu'il est pur.

3° Les corps poreux ne devenant pas inactifs, le noyau qu'il convient le mieux d'adopter pour hâter et diriger l'ébullition et la distillation des liquides, en évitant les soubresauts, est le charbon de bois, ou le coke, ou quelque autre corps de même nature.

Applications pratiques

15° *Expérience.* — Un flacon de verre, à large col, fut rempli à peu près jusqu'au tiers d'eau distillée ; on fit bouillir cette eau sur un bec de gaz, puis on pesa le flacon rapidement et on le replaça sur la flamme. Après une ébullition de vingt minutes, on fit une seconde pesée, et l'on en conclut la perte, ou la quantité d'eau vaporisée. Le même flacon reçut alors le supplément d'eau nécessaire pour lui rendre son poids primitif, et l'on y introduisit quelques morceaux de coke. On fit encore bouillir pendant vingt minutes, on pesa de nouveau, et l'on constata la nouvelle perte. Pendant toute la durée de l'expérience, l'intensité de la flamme était constante.

Résultats. — La perte de l'eau bouillant seule fut de 995 grains ; la perte de l'eau bouillant avec le coke fut de 1 130 grains.

Rapport des pertes = 100 : 113,6.

16ᵉ *Expérience.* — Une certaine quantité d'eau fut distillée dans un alambic, et au bout de quinze minutes d'ébullition on pesa le produit de la distillation. On fit bouillir ensuite pendant quinze minutes une même quantité d'eau contenant du coke, et l'on pesa comme dans le premier cas le produit de la condensation de la vapeur.

Résultats. — Le premier produit fut de 293 grains, et le second de 310.

Rapport = 100 : 105,8.

17ᵉ *Expérience.* — On répéta l'expérience précédente en remplaçant le coke par du charbon de bois ordinaire ; mais le vase se trouvant devenu beaucoup plus net par suite des ébullitions précédentes l'eau seule y bouillait irrégulièrement avec des boursouflures : l'addition du charbon donna une ébullition parfaitement calme et régulière.

Résultats. — Produit de la distillation de l'eau seule, 262 grains ; de l'eau avec le charbon, 334 grains.

Rapport = 100 : 127,4.

18ᵉ *Expérience.* — De l'esprit de vin, bouillant à la température de 77°,2, fut distillé dans une cornue. Le produit de la distillation, recueilli en 5 minutes, s'éleva à 244 grains. On y ajoute ensuite 20 grains de charbon de bois de buis mélangé de charbon d'écailles de noix de coco ; on recueillit le produit d'une seconde distillation de 5 minutes, et l'on trouva 325 grains ; d'où l'on conclut le rapport de 100 : 133,2.

19e *Expérience.* — La pierre ponce substituée, dans la même expérience, au charbon, toujours à la dose de 20 grains, donna le rapport de 100 : 121,7.

20e *Expérience.* — 20 grains d'écume de mer, donnèrent le rapport de 100 : 112.

21e *Expérience.* — 20 grains de coke, 100 : 107,46.

22e *Expérience.* — Un faisceau de petits tubes capillaires qu'un fil de soie enveloppait par leurs milieux agit comme un noyau pour le dégagement de la vapeur. Un faisceau de cette nature pesant seulement 10 grains, appliqué à la distillation de l'alcool méthylique donna le rapport de 100 : 110.

III. *Action des solutions salines sursaturées.* — C'est une expérience très-fréquente dans les cours publics que celle qui consiste à ouvrir un flacon rempli d'une solution sursaturée de sel de Glauber, et à faire remarquer aux auditeurs la cristallisation soudaine de la solution ainsi que l'élévation sensible de température résultant du passage de l'état liquide à l'état solide. Cette expérience est vraiment faite pour exciter à la fois l'admiration du professeur et de ses élèves; mais personne, probablement, ne s'est avisé de penser que le résultat de la même expérience serait différent, si, au lieu d'ouvrir le flacon dans la salle qui contient l'auditoire, on l'ouvrait dans la cour adjacente, ou dans un jardin, ou en pleine campagne. Non-seulement, dans ces derniers cas, la solution ne cristalliserait pas dès l'ouverture du vase, mais elle pourrait rester liquide pendant plusieurs heures. Si cependant le vase est placé à l'intérieur, la solution passe immédiatement à l'état solide.

Mais quel que soit notre respect pour l'ingénieux chimiste et physicien M. Jeannel, nous osons affirmer que ni l'eau, ni une solution ordinaire du sel de Glauber, dont on a eu soin d'exclure les noyaux qu'elle pouvait contenir, n'exerce la moindre action de noyau sur une solution sursaturée du même sel. Nous n'avons pas besoin de rappeler aux lecteurs du journal *les Mondes* que, si le *style* d'un auteur caractérise son individualité aussi bien que les pensées dont le style est le vêtement, de même la *manipulation* d'un savant porte l'empreinte et donnerait souvent la mesure de ses idées scientifiques. Presque toujours le succès ou l'insuccès, la vérité ou l'inexactitude des conclusions dépendent de la manière dont une expérience a été conduite, et nous en avons, dans le cas actuel, un exemple remarquable.

1re *Expérience.* — Une solution de sel de Glauber fut filtrée dans un flacon bien nettoyé, où on la fit rebouillir. Pendant l'ébullition, un tube à gouttes droit et pareillement nettoyé, fermé à son sommet par un bouchon, fut introduit dans le flacon à travers un disque en caoutchouc vulcanisé, sa pointe plongeant dans la solution. L'air du tube étant dilaté par la chaleur, il en sortit une grande quantité de bulles. La lampe fut ensuite éloignée, le liquide monta dans le tube pour y remplacer l'air qui s'était échappé, et s'éleva ainsi à la hauteur d'environ 7 centimètres; enfin le tube fut retiré du liquide, et maintenu un peu au-dessus de sa surface. Le disque de caoutchouc protégeait la solution contre l'invasion de noyaux extérieurs, et, par surcroît de précaution, chaque flacon était entouré d'une cloche de verre. Dans de telles conditions, la solution peut être conservée, sans cristalliser, aussi longtemps qu'on peut le désirer. Après qu'on eut enlevé la cloche de verre et retiré doucement le bouchon (un robinet eût été préférable), la solution s'écoula par gouttes, mais sans aucune séparation du sel.

Deux solutions furent ensuite préparées, la première formée d'une partie de sel et d'une d'eau, la seconde de deux parties de sel avec une d'eau. Elles furent versées dans des flacons dont chacun reçut un tube pénétrant dans le col à travers un disque de caoutchouc, comme précédemment. Lorsque les tubes eurent pris de certaines quantités de liquide, on les échangea entre eux, c'est-à-dire que celui du premier flacon fut introduit dans le second, et *vice versà*. Après le refroidissement des solutions, les tubes furent débouchés. Les gouttes produisirent un grand trouble dans la viscosité intérieure des solutions, mais il n'y eut pas de cristallisation.

Suivant le même procédé, la solution qui contenait 1 partie de sel pour 1 d'eau fut mise à s'égoutter dans une autre contenant 3 de sel pour 1 d'eau. Les solutions avaient été préparées dans une nuit froide, de sorte que les flacons et les tubes contenaient des portions de sel modifiées par la température, et que des cristaux, en même temps que des gouttes, tombèrent dans les solutions; et cependant les solutions ne cristallisèrent pas mais on enleva les tubes, et la cristallisation s'effectua immédiatement, sous l'influence des noyaux qui venaient directement de l'air extérieur.

On composa une solution plus faible (1 partie de sel pour 3 d'eau), on la fit s'égoutter dans une solution sursaturée, contenant 2 de sel pour 1 d'eau, et il n'y eut point de séparation du sel.

Puisqu'il ne se produit aucune cristallisation dans ces expériences, pourvu qu'on ait soin d'exclure les noyaux étrangers, nous concluons qu'une solution de sel de Glauber n'agit pas comme noyau sur une solution sursaturée du même sel.

Une solution d'alun de potasse, traitée de la même manière, conduit pour ce sel à la même conclusion. On ne peut douter qu'il en soit ainsi des solutions d'autres sels quelconques, et nous sommes fondés à formuler cette proposition générale, que les solutions de sels n'agissent pas comme noyaux sur leurs solutions sursaturées.

L'eau pure n'est pas un noyau. M. Tomlinson a observé que des flacons ouverts, contenant des solutions sursaturées de sel de Glauber, peuvent être exposés à de grandes pluies, dans l'air pur d'une campagne, sans production de la moindre trace d'action de noyau attribuable aux gouttes de pluie.

On supposait autrefois que l'agitation d'une solution saline sursaturée déterminait sa cristallisation. Des ouvrages récents, même très-estimés, ont continué à répéter, comme un aphorisme, que des solutions salines sursaturées peuvent être conservées longtemps, pourvu qu'elles ne soient pas agitées. Tout ce que cela veut dire, c'est que, si l'agitation porte le liquide de la partie du flacon qui est catharizée par la solution saline pendant l'ébullition vers la partie supérieure et non catharizée, celle-ci peut exercer une puissante action de noyau; mais par cette considération même, on conçoit qu'il peut arriver que l'agitation ne soit pas favorable à la cristallisation. Dès l'année 1809, Herr Ziz, de Mayence (1), fit voir que la cristallisation soudaine de ces solutions n'est pas due à l'agitation. Il produisit aussi un certain nombre de faits importants qui font de son mémoire le point de départ dans les recherches sur les solutions salines sursaturées. Il montra que les vases qui contiennent les solutions n'ont pas besoin d'être scellés hermétiquement; qu'il suffit, pour les conserver longtemps, de les mettre sous une cloche de verre, ou de leur donner un couvercle libre comme une capsule; que des solides mis en contact avec les solution sagissent comme *noyaux* et produisent instantanément la cristallisation, mais que c'est à l'état sec que leur action est la plus grande; que, s'ils sont mouillés ou bouillis dans la solution, ils deviennent *inactifs*. Le noyau le plus efficace est un cristal du sel lui-même. L'air séché artificiellement cesse d'être un noyau. Trois variétés de sulfate de soude sont considérées spécialement, savoir : le sulfate anhydre, le sulfate hydraté ordinaire, à 10 atomes, et un sulfate particulier qui se forme lorsque

(1) Schweigger « Journal », vol. XV.

des solutions sursaturées sont laissées se refroidir en vases clos. Ce sel en *x*, comme on le nomme, contient moins d'eau de cristallisation que l'hydrate ordinaire, et il est plus soluble. Si le vase dans lequel il s'est formé est ouvert tout à coup, ou si l'eau-mère a le contact d'un noyau, le liquide se solidifie en hydrate à 10 atomes, et les cristaux en *x* deviennent opaques, comme le blanc d'œuf qui a été bouilli.

En 1819, Gay-Lussac (1) rapportait l'état de sursaturation à l'inertie des molécules salines, à la condition moléculaire des parois du vase et à d'autres causes. Il montra aussi que les phénomènes de sursaturation se produisaient dans d'autres sels. En 1832, Ogden (2) trouva que le nombre des sels de cette catégorie s'élevait à vingt-et-un.

En 1825, Faraday (3) publia quelques expériences sur les solutions sursaturées du sel de Glauber; Graham, Turner, Ure et d'autres apportèrent leurs contingents de faits nouveaux; mais les recherches les plus approfondies sur la matière furent celles de M. Löwel, de 1850 à 1857, dont les résultats sont consignés dans six mémoires (4). Suivant cet auteur, le sulfate de soude ordinaire à 10 atomes a une solubilité croissante de 0° à 34° C.; à cette dernière température, il commence à

(1) *Annales de Chimie et de Physique*, 2e série, vol. XI.

(2) *Edimb. New Phil. Journ.*

(3) *Quarterly Journal of Science*, vol. XIX.

(4) *Annales de Chimie et de Physique*, 3e série, vol. XXIX, XXXIII, XXXVII, XLIII, XLIV, XLIX.

fuser dans son eau de cristallisation, et à déposer le sel anhydre. Celui-ci a une solubilité qui varie en sens inverse de l'autre, c'est-à-dire qui augmente à mesure que la température diminue. D'une manière plus précise, sa solubilité augmente de 103°,17, le point d'ébullition de la solution sursaturée, jusqu'à 18 degrés, température à laquelle il subit une nouvelle modification moléculaire, et commence à former des cristaux de l'hydrate à 7 atomes (le sel en x de Ziz). Ce dernier sel est beaucoup plus soluble aux températures ordinaires que l'hydrate à 10 atomes, son maximum de solubilité correspondant à la température de 27 degrés. En définitive, le sulfate de soude a trois maxima de solubilité, savoir : le premier à 34 degrés, lorsqu'il est sous la constitution moléculaire de l'hydrate à 10 atomes; le second de 26 à 27 degrés, lorsqu'il est sous la constitution de l'hydrate à 7 atomes; et le troisième de 17 à 18 degrés, sous la constitution moléculaire du sel anhydre. A ces trois maxima, les solutions saturées sont à peu près également riches en sel. L'hydrate à 7 atomes et le sel anhydre ne peuvent conserver leur constitution moléculaire lorsqu'ils sont en contact avec l'eau-mère en vases clos, dans lesquels ils sont protégés contre l'air et d'autres corps agissant comme noyaux. Dès qu'ils sont exposés au contact libre de l'air, ils deviennent opaques, s'échauffent et prennent la constitution moléculaire de l'hydrate à 10 atomes, aussi bien que sa solubilité. De là cette conséquence, que les solutions sursaturées de sulfate de soude ne sont pas réellement telles, puisqu'elles contiennent un sel d'une plus grande solubilité, aux températures ordinaires, que le sel normal à 10 atomes. Löwel étend ses investigations au carbonate de soude et au sulfate de magnésie, et il s'efforce de démontrer que dans leurs solutions sursaturées il se forme des sels moins hydratés et plus solubles que les sels normaux; et sa conclusion générale est que tous les cas de sursaturation ne sont qu'apparents. Quant à l'influence des noyaux et des parois des vases sur le phénomène de la cristallisation, il la considère comme l'effet d'une de ces mystérieuses actions de contact qu'on nomme *catalytiques*, et dont la science n'a pu encore donner une explication satisfaisante. Les corps qui semblent être actifs pour produire la cristallisation sont désignés comme *catalytiques* ou *dynamiques*, tandis que ceux qui ne manifestent aucune action de ce genre sont appelés *non catalytiques* ou *adynamiques*. Dans son sixième et dernier mémoire, Löwel dit : « Dans toutes les dissolutions, quelque riches qu'elles soient, qui ne sont pas en contact avec un excès de cristaux à 10 HO, ou à 7 HO, les molécules saturées dissoutes restent à l'état du sel anhydre, malgré les variations de la température, si elles sont préservées de cette action mystérieuse de contact que l'air atmosphérique et d'autres corps ont la propriété d'exercer sur elles en déterminant la formation de cristaux à 10 HO, et si leur température ne tombe pas à un degré suffisamment bas pour déterminer la formation spontanée de cristaux à 7 HO. »

Des investigateurs plus modernes ont cherché l'explication de la force en vertu de laquelle, suivant certaines conditions, des noyaux opèrent ou n'opèrent pas la cristallisation, devenant quelquefois successivement actifs et passifs. Gernez (1) n'essaya pas moins de 276 solides, et il en choisit 39 qui étaient actifs. 18 de ces derniers étaient insolubles ; ils furent lavés avec soin dans de l'eau distillée, et séchés hors du contact de l'air. Après leur dessiccation, ils furent trouvés sans action sur les solutions qu'ils avaient précédemment le pouvoir de faire cristalliser. Les 21 corps solubles furent purifiés par recristallisation, et tous devinrent inactifs. Il s'ensuit que le sulfate de soude est le seul noyau qui agisse sur les solutions du même sel, ou plutôt, que toutes les fois qu'une baguette de verre ou autre corps agit comme noyau, il est contaminé par des portions imperceptibles du sel même de la solution, que M. Gernez croit exister dans l'air, non-seulement des villes, mais de la campagne. Suivant ces vues, la solution sursaturée quelconque ne peut être cristallisée que par un noyau salin de sa propre espèce. Mais, comme M. Jeannel (2) l'observe avec raison, si la théorie de M. Gernez était vraie, il devrait y avoir dans l'air des spécimens flottants de toutes les espèces de sels qui peuvent former des solutions sursaturées et cristalliser par l'action d'un noyau solide ; tandis que certains sels qui se trouvent

(1) *Comptes rendus*, vol. LX, p. 833.

(2) *Annales de Chim. et de Phys.*, 4e série. vol. VI, p. 166.

dans ces conditions ne peuvent exister en présence de l'oxygène ou de l'ammoniaque de l'air.

Nous pouvons citer aussi les remarques très-judicieuses de M. Dubrunfaut, de M. Lecoq de Boisbaudran, de M. Margueritte et de quelques autres physiciens français distingués. Par exemple, dans les *Comptes rendus* du 19 avril 1869, M. du Dubrunfaut dit que M. Löwel a eu le mérite de « démontrer ce fait capital, que le sulfate de soude, dissous dans l'eau, et qui était représenté par la formule

$$NaO, SO^3 + 10HO,$$

est devenu en solution

$$NaO, SO^3 + 7HO.$$

—Le sel a subi un changement moléculaire. On croit avoir dissous le sel à 10 atomes; mais en surchargeant la solution d'un excès de sel, on a tellement modifié sa composition qu'il en résulte un nouveau composé plus soluble, capable de produire les étranges et mystérieux phénoménes de la sursaturation. »

Le changement moléculaire, évident pour M. Dubrunfaut, ne l'est nullement pour M. Lecoq de Boisbaudran. Dans une note des *Comptes rendus* du 3 mai, ce dernier exprime son opinion que le sulfate de soude, dans la solution aqueuse, n'est pas plus constitué avec 7 équivalents d'eau qu'avec 10, ou que sans un seul; « mais qu'il peut exister dans toutes les conditions d'hydratation, connues ou inconnues, dont l'existence est possible. »

Dans une note des *Comptes rendus* du 10 mai, M. F. Margueritte conteste la théorie suivant laquelle les sels ou autres corps qui présentent les phénomènes de sursaturation subiraient, en se dissolvant, une modification ayant pour effet d'augmenter leur solubilité; de sorte, par exemple, que lorsque le sulfate de soude à 10 atomes dépose le sel à 7 atomes, ce dernier sel aurait préexisté dans la solution. Par une extension du raisonnement, on pourrait aussi bien admettre que le sel existe, dans la solution, en trois états, ceux de sel anhydre, ou à 7 atomes, ou à 10 atomes, puisque l'on peut les obtenir tous les trois à des températures différentes. Ce sont là de pures hypothèses, impuissantes à résoudre le délicat problème de l'état des sels en solution. »

Le 24 mai, parut une seconde note de M. Dubrunfaut. Considérant toujours le sulfate de soude comme le sel typique dans l'étude des phénomènes de la sursaturation, il admet que ce sel offre des exceptions aux lois générales qui règlent la solubité en fonction de la température. Les recherches sont difficiles, parce que l'état de sursaturation ne peut être maintenu qu'en vases clos; de sorte que les essais de manipulations sur les liquides déterminent un commencement de cristallisation, et font cesser l'état de sursaturation. En outre, ces solutions ne peuvent être soumises à l'épreuve de la rotation optique. On comprend donc que dans l'interprétation des hypothèses de Löwel, M. Lecoq de Boisbaudran n'a pas un point d'appui plus solide que M.

Dubrunfaut. Mais il est hors de doute que le sulfate de soude, dans la condition de sursaturation, a perdu sa constitution primitive de sel à 10 atomes, puisque sa solubilité à 0 degré est devenue 10 fois plus grande. Cette modification est due à l'influence de l'eau, plus ou moins modifiée par la température.

Nous renvoyons aux *Comptes rendus* pour de plus grands détails dans cette intéressante discussion ; mais nos lecteurs doivent être déjà convaincus que les physiciens sont loin d'être d'accord sur la condition du sulfate de soude en solution. La théorie qui a été longtemps enseignée dans les ouvrages classiques français, anglais, américains et même allemands, est celle de Löwel, d'après laquelle, notamment, une solution (celle de sulfate de soude, si l'on veut) saturée à une haute température et qu'on laisse refroidir en vase clos ou à fermeture non hermétique, ne devient pas absolument sursaturée, mais subit un changement moléculaire dans lequel le sel à 10 atomes se convertit en sel à 7 atomes ; de manière qu'au lieu d'une solution sursaturée à 10 atomes, on a une solution à 7 atomes. Lorsque, cependant, sous l'influence de quelque mystérieuse action catalytique, la cristallisation commence, la solution recouvre tout à coup la constitution du sel à10 atomes, aussi bien que sa solubilité, et le sel à 10 atomes se précipite.

Tout cela est très-ingénieux. Le fait le plus remarquable en ce qui concerne l'hypothèse de Löwel, c'est que Löwel fut lui-même le premier chimiste qui la mit en doute. En voici l'historique : Le premier mémoire de Löwel parut en 1850 ; le cinquième en 1855 ; et jusque-là il soutint la théorie moléculaire qui vient d'être exposée. En 1857, il publia un sixième mémoire, où il incline très-fortement vers l'opinion que, entre les limites d'un intervalle considérable de température, le sulfate en solution est à l'état anhydre. Il en donne les raisons suivantes :

1° Le sel à 10 atomes se sépare facilement de l'eau de cristallisation par une simple exposition à l'air, sous des températures comprises entre 15 et 20 degrés ;

2° Faraday trouva, en évaporant une solution de sel à 10 atomes, au-dessous de 100 degrés (ou, suivant Mitscherlich, au-dessous de 40 degrés), que le sel anhydre se déposait ;

3° Si l'on fait bouillir pendant quelque temps une solution saturée du sel à 10 atomes, il se forme de petits cristaux, durs et granulaires du sel anhydre, à mesure que la solution se concentre.

Mais M. Löwel ne peut rompre entièrement avec sa théorie moléculaire. Bien qu'il admette qu'entre le point d'ébullition d'une solution saturée (103°,17) et le point où le sel modifié commence à se former (18 degrés), le sel anhydre est tenu en solution, cependant, à cette dernière température et au-dessous, un changement moléculaire s'accomplit dans la solution, par suite duquel elle tient ou commence à déposer le sel à 7 atomes.

Dans les solutions plus faibles, ce changement moléculaire s'effectue à des températures encore plus basses. Une solution bouillante de 2 parties du sel à 10 âtomes pour 1 d'eau, par exemple, doit être refroidie à 7 ou 8 degrés avant que le sel à 7 atomes se dépose. Il s'ensuit que le sel à 7 atomes ne se dépose pas à la même température dans toutes les solutions, mais à des températures très différentes, d'autant plus basses qu'il y a moins de molécules salines en solution. Löwel reconnaît que c'était à tort qu'il supposait le sel à 7 atomes déjà formé, puisque de telles solutions ne commencent pas à déposer le sel modifié aussitôt que la température descend au-dessous du point où les solutions seraient saturées de ce sel, s'il était formé. Ainsi la solution saturée bouillante serait saturée de sel à 7 atomes à la température d'environ 26 degrés, et cependant elle ne commençait à déposer cette espèce de sel qu'au-dessous de 17 ou 18 degrés. La solution plus faible (2 de sel pour 1 d'eau) serait, de même, saturée à 18 degrés, tandis qu'elle était tombée à 8 degrés, avant l'apparition du sel à 7 atomes. Une solution plus faible encore (1 de sel pour 1 d'eau) exigeait un abaissement de température à 0 degré. La première solution, évidemment, contenait du sel anhydre jusqu'au moment où elle commença à déposer le sel à 7 atomes; et il n'y a pas de raisons pour supposer que les deux autres solutions, quoique moins riches en sel, fussent différemment constituées. En outre, quand la seconde solution a déposé son sel à 7 atomes, à 7 ou 8 degrés, aussi longtemps qu'elle reste en contact avec ces cristaux, elle a deux points fixes de saturation déterminés par la température, c'est-à-dire qu'elle dépose le sel à 7 atomes quand la température s'est abaissée, et le redissout quand elle s'élève; mais si cette élévation de température atteint 22 ou 24 dégrés, et qu'ainsi le sel à 7 atomes soit totalement dissous, la solution ne déposera pas de cristaux quand la température redescendra un peu au-dessous de 18 degrés; elle n'en déposera qu'autant que la température sera ramenée à 7 ou 8 degrés, comme s'il n'y avait eu déjà aucun dépôt de sel. « Donc, dit M. Löwel, le sel à 10 atomes, aussi bien que le sel à 7 atomes, en passant à l'état de solution, à une température quelconque, abandonne toute son eau de cristallisation. Quelle est donc la condition des sels en solution? Je ne puis faire que des hypothèses; et sans chercher à définir cette condition, on ne peut se borner à dire que dans le passage à l'état de solution, ils prennent une constitution moléculaire indéterminée, qu'on nommerait simplement la constitution moléculaire du sulfate de soude en solution, laquelle diffère de celles des cristaux à 10 atomes, ou à 7 atomes, ou du sel anhydre. »

Löwel a donné des tables très-serrées de la solubilité de chacune des trois formes de sulfate de soude à diverses températures, et les nombres qui les composent s'étendent jusqu'au deuxième ordre décimal: « Je n'ai pu, dit-il, déterminer le point de solubilité maximum du sel anhydre au-dessous de la température où il commence à déposer le sel à 7 atomes. A 18 degrés, le changement se fait soudainement ; la solution devient troublée, et dépose des cristaux du sel à 7 atomes sous une forme pulvérulente. »

Ici nous osons émettre l'opinion que M. Löwel a perdu l'occasion. S'il avait dit qu'il se dépose « du sel anhydre », et non « des cristaux de sel à 7 atomes », il se serait évité beaucoup de peine, et la discussion actuelle n'eût pas été nécessaire.

Ce fut en répétant les expériences de M. Löwel par un temps froid de décembre, en 1867, que M. Tomlinson observa le trouble soudain de la solution. Un flacon rempli d'une solution chaude sursaturée de sulfate de soude ayant été placée dans un courant d'eau froide, presqu'à la température de la glace, la solution devint soudainement opaque par la formation d'une multitude de petits cristaux, qui semblaient augmenter en nombre en agitant doucement le flacon. En répétant l'expérience avec plus de soin sur des solutions contenues dans des éprouvettes qui étaient entourées de mélanges réfrigérants transparents, M. Tomlinson reconnut dans ces cristaux des octaèdres du sel anhydre. Ces résultats le conduisirent immédiatement à douter de l'exactitude de la théorie moléculaire aussi bien que de la réalité de l'action dite catalytique des parois des flacons et de la surface des noyaux.

5e *Expérience.* — Une solution de 3 parties de sel à 10 atomes pour 1 d'eau distillée étant bouillante à la température de 103, 3, précipitait une petite quantité de sel anhydre. Cette solution fut ensuite filtrée, on la fit rebouillir, puis le flacon fut fermé avec un bouchon que traversait un thermomètre, et on le laissa refroidir. Lorsque la solution fut ramenée à la température de la chambre, le flacon fut mis dans de l'eau froide. A 12 degrés, commencèrent à se montrer des octaèdres bien formés, remarquables par leur arrêtes vives. A 10 degrés, le nombre des cristaux avait tellement augmenté que le liquide était devenu opaque. La formation des cristaux produisait des courants chauds, et la température s'éleva à 14 degrés.

6e *Expérience.* — Deux parties de sel à 10 atomes pour 1 d'eau : apparition de cristaux octaédriques à 8°,9.

7e *Expérience.* — Une partie de sel pour 1 d'eau : même apparition de cristaux peu nombreux, mais bien formés, à 1°,6.

Par ces expériences, il semble déjà démontré que le sel à 10 atomes, quand il passe en solution, abandonne au dissolvant toute son eau de cristallisation. Si l'on chauffe la solution, une cristallisation dendritique du sel anhydre serpente sur la paroi du flacon, immédiatement au-dessus du niveau de la solution, et si l'on filtre de forte solutions, une mince croûte de sel anhydre se forme à la surface du liquide dans le filtre. Les preuves abondent pour établir que le sel anhydre est en solution ; mais le fait le plus convaincant semble être le précipité de sel anhydre qui se forme par l'abaissement de la température de la solution à un degré convenable.

Le changement abrupt qu'on observe dans la courbe de solubilité du sel à 10 atomes, à 33 ou 34 degrés, fut remarqué par Gay-Lussac, qui l'expliquait en disant, que c'est, à la vérité, la molécule saline $NaO, SO_3 + 10 Aq$ qui entre en solution; mais que cependant, au delà du point où la solubilité diminue, et jusqu'au point d'ébullition, c'est le sel anhydre qui est en solution.

Sur le même sujet Löwel s'expime ainsi : « Nous pouvons facilement expliquer comment la solubilité du sulfate de soude présente cette curieuse anomalie, d'augmenter avec la température jusqu'à un certain maximum, et de diminuer ensuite à mesure que la température s'élève. Aussi longtemps que le sel est sous la forme de cristaux à 10 atomes, c'est-à-dire de 0 à 34 degrés, sa solubilité augmente. Au-dessus de 34 degrés, ce sel n'existe plus ; il devient'anhydre, avec une constitution moléculaire et une solubilité différentes. La solubilité du sel anhydre et celle du sel à 10 atomes marchent en sens inverse dans les variations de température. La première diminue quand la température s'élève, ou, ce qui est la même chose, elle augmente quand la température s'abaisse de 103°,17 (point d'ébullition d'une solution saturée), non-seulement jusqu'à 34 degrés, mais aussi jusqu'aux températures de 18 et 17 degrés, où le sel dissous subit une nouvelle modification dans sa constitution moléculaire, et commence à former des cristaux du sel à 7 atomes. »

Maintenant, s'il est vrai que l'hydrate à 10 atomes

reste en solution jusqu'à 34 degrés, des solutions faites au-dessous de cette température devraient déposer le sel à 10 atomes par un refroidissement en vase clos, exactement comme elles font dans des vases ouverts où elles sont en contact avec des noyaux, mais le fait est que de telles solutions déposent encore du sel anhydre.

8° *Expérience.* — Des solutions saturées à environ 29°,4, ou entre cette température et 31°,1, et filtrées dans des flacons chauffés jusqu'à la même température, qui étaient ensuite bouchés, furent conservés jusqu'au jour suivant sans qu'il se formât un dépôt de sel. De temps à autre on les tenait dans des mélanges réfrigérants (de —8° à —3°8), où souvent elles se congelaient; mais parfois elles donnèrent des petits cristaux de sel anhydre parfaitement définis. On ne peut donc admettre que jusqu'à 34 degrés ce soit le sel à 10 atomes qui est tenu en solution.

Il reste un point à discuter. M. Löwel suppose que les solutions sursaturées, en se refroidissant jusqu'à 18 ou 17 degrés, prennent la constitution moléculaire de l'hydrate à 7 atomes; et en outre que, lorsque le sel se dépose, la partie non cristallisée de la solution est l'eau-mère du sel à 7 atomes. Il détermine la solubilité de cet hydrate à 7 atomes, en enlevant avec précaution, au moyen d'une pipette chaude, une petite quantité de cette prétendue eau-mère à une température connue, la pesant, l'évaporant jusqu'à siccité, et calculant la solubilité du sel à 7 atomes en fonction du sel anhydre obtenu par l'évaporation.

9e *Expérience.* — Une solution d'environ 2 1/2 parties de sel à 10 atomes pour 1 d'eau fut bouillie et filtrée dans trois éprouvettes, qu'on plaça debout sur un support près d'une fenêtre pour les laisser refroidir, après les avoir bouchées avec de la ouate de coton. Les éprouvettes furent ensuite mises dans de l'eau dont la température variait de 1°,6 à 4°,4, et des cristaux octaédriques se déposèrent dans les trois solutions. Les tubes furent replacés sur leur support, et au bout de quelques heures le sel à 7 atomes s'était formé, comme l'annonçaient quelques prismes à sommets obliques, bien marqués. Les mêmes tubes ayant été introduits dans un mélange réfrigérant à — 6°,7, il se produisit une véritable pluie de magnifiques octaèdres. Il est à peine nécessaire de faire remarquer que si le changement moléculaire soutenu par M. Löwel avait eu lieu, et que la solution subsistante sur l'hydrate à 7 atomes eût été son eau-mère, les cristaux de l'hydrate à 7 atomes auraient dû se précipiter, et non ceux du sel anhydre.

10e *Expérience.* — Les tubes furent encore remis sur le support, et au bout de quelque temps on y observa une nouvelle formation de sel à 7 atomes. Le lendemain, pour avoir la certitude qui c'était bien le sel à 7 atomes qui s'était déposé au fond des tubes, on enleva de l'un d'eux sa bourre de coton, et dès qu'il fut débouché on vit se produire une cristallisation de sel à 10 atomes, partant de la surface et marchant vers le fond, où le dépôt prit l'aspeci ordinaire d'une masse opaque et crayeuse, tandis qu'audessus les cristaux étaient translucides comme du verre pilé. Les deux autres tubes furent plongés dans un mélange réfrigérant à — 12 degrés environ. Les cristaux furent longtemps à se montrer, mais enfin quelques octaèdres bien définis apparurent et tombèrent au fond de chaque tube.

11e *Expérience.* — Une solution d'environ 4 parties de sel pour 1 d'eau fut préparée dans des flacons où, avec beaucoup moins de profondeur que n'avait la précédente dans les éprouvettes, elle formait cependant une masse plus considérable. Les flacons furent exposés au froid sur le bord d'une fenêtre pendant toute une nuit. Le matin suivant, on constata la formation d'un dépôt copieux de sel à 7 atomes. Un des flacons ayant été introduit dans un mélange réfrigérant à — 3°,8, on obtint un abondant précipité de sel anhydre, fourni par cette prétendue eau-mère de sel à 7 atomes, qui n'est réellement qu'une solution de sel anhydre.

On peut établir qu'il n'y a, en effet, dans le liquide qu'une solution de sel anhydre, et non quelque forme de sel modifié, par un raisonnement tout à fait nouveau.

Dans les expériences qui ont pour objet de déterminer la force élastique de la vapeur d'eau pure, on sait que cette force est diminuée, quelle que soit la température, si l'on introduit dans la colonne de mercure une petite quantité d'un sel soluble dans l'eau, d'un sel de soude, par exemple, pourvu qu'il ne soit pas de nature à fournir lui-même de la vapeur; dès que le sel a monté jusqu'à la surface du mercure, on voit une élévation de la colonne indiquer une diminution de la force élastique de la vapeur d'eau. L'adhésion de la soude à l'eau tend à empêcher l'eau de se répandre en vapeur, et cette tendance est une force mesurable, d'ailleurs mesurée dans le cas actuel; elle contrebalance jusqu'à un certain point la tension de l'eau, ou sa tendance à émettre de la vapeur, et rend ainsi la force émissive de vapeur mesurablement moindre dans une solution de soude que dans l'eau pure, à même température.

Maintenant, supposons que dans une telle expérience, au lieu du sel de soude, on emploie le sel de Glauber. Il est clair que la force élastique de la vapeur d'eau sera moins diminuée si le sel en solution conserve son eau de cristallisation que s'il entre en solution sous la forme du sel anhydre. Il semble démontré par une série d'expériences de Wüllner (1) que, par des solutions de différentes forces (telles que de 10, de 20, de 30, etc., pour 100 de sel de Glauber dans de l'eau pure), et à diverses températures, de 10 à 100 degrés, la diminution de force élastique de la vapeur d'eau est proportionnelle à la quantité de sel *sec* dans la solution; et qu'en outre, au point de solubilité maximum de ce sel, il ne se fait aucun changement moléculaire, car un pareil changement se serait imprimé sur la courbe qui représente la force élastique de la vapeur. La conclusion générale pour les sels soumis à l'expérience, c'est que l'action des sels efflorescents s'exprime en fonction du

(1) *Pogg. Ann.*, CIII, p. 520, et CX, p. 64.

sel sec, et l'action des déliquescents en fonction du sel hydraté.

IX. **Action des basses températures sur les solutions salines sursaturées.** — L'action des basses températures sur les solutions sursaturées est très-remarquable. On admet généralement que lorsqu'une solution de sel de Glauber est ramenée à la température de 4°4, l'hydrate modifié, ou de 7 atomes, est formé au fond du vase clos, et que ce fait est le complément de toute observation. Si cependant la solution nettoyée, ou parfaitement pure de noyaux, contenue dans un flacon ou un tube d'épreuve catharisé est soumis à l'action d'un mélange réfrigérant de neige et de sel marin, les phénomènes ne sont nullement aussi simples qu'on le suppose.

1re *Expérience*. Une solution de 1 partie de sel de Glauber et de 1 partie d'eau fut bouillie et filtrée dans des flacons de 2 onces où elle fut remise à bouillir, chaque vase étant fermé par un bouchon que traversait un thermomètre. Le lendemain, un de ces flacons fut plongé dans un mélange réfrigérant à —9°. La température de la solution s'abaissa lentement jusqu'à —7,2, et l'on vit apparaître des cristaux d'une nuance particulière de blanc opaque, qui se précipitaient : quelques-uns étaient ramifiés et dentelés comme des feuilles de fougère, tandis que d'autres formaient des touffes d'octaèdres comparables au précipité qu'on obtient par le refroidissement d'une solution chaude de sel ammoniac ; ensuite le thermomètre s'éleva à —3°,3. Le flacon fut immergé dans de l'eau à 8°,8, la température de la solution monta à 4°,4, et des octaèdres transparents du sel anhydre se précipitèrent. Le jour suivant, le thermomètre ayant été retiré, la solution cristallisa à partir de la surface sous l'influence de noyaux aériens ; elle se convertit totalement en sel ordinaire à 10 atomes, et la température s'éleva de 6°,6 à 18°,3.

2e *Expérience*. On doubla la force de la solution, c'est-à-dire que l'on fit bouillir 2 parties de sel de Glauber dans 1 partie d'eau. A la température de 3°,3, on vit se précipiter quelques cristaux de sel anhyre, et, les courants de chaleur retardant le refroidissement, la solution n'atteignit qu'au bout d'un quart-d'heure la température de —3°,3, où elle se maintint pendant un autre quart-d'heure. Les cristaux qui s'étaient formés d'abord devinrent blanc opaque, et il s'en forma une quantité d'autres également blanc opaque, avec l'apparence et la texture du blanc de plomb nouvellement formé. Au-dessus des cristaux, la solution était limpide et brillante, mais au bout de quinze minutes elle se cristallisa tout-à-coup et la température s'éleva de —3°,3 à 13°,3.

3e *Expérience*. La même solution fut rebouillie. Refroidie à 2°,7, elle donna un précipité considérable de sel anhydre transparent. A 0°,5, les cristaux prirent l'aspect blanc opaque. A —4°4, il se forma un grand nombre de cristaux aciculaires dentelés en feuilles de fougère. A —5°,5, ces brillants cristaux devinrent encore beaucoup plus nombreux, et le thermomètre remonta à 3°,3. Cette température se maintenait depuis quelques minutes, lorsque la solution cristallisa subitement, et la température atteignit 11°,11.

4° *Expérience.* Trois parties de sel de Glauber et 1 partie d'eau. Dans le mélange réfrigérant, la solution descendit à 1°,6 ; ensuite elle cristallisa soudainement, et le thermomètre marqua 25°,5. On admet généralement que la grande élévation de température qu'on observe dans la solidifation des solutions de sel de Glauber dépend de la masse sur laquelle on opère, et qu'elle est proportionnelle à cette masse. Mais, dans cette 4e expérience, la masse de la solution était seulement de 20 grammes, contenue dans une éprouvette de 30 grammes, et cependant la température s'éleva à près de 24°. Dans la solution la plus faible elle-même, celle qui est formée de 1 partie de sel pour 1 d'eau, le thermomètre a monté de —5°,5 à 13°8.

5e *Expérience.* Une pareille solution de 3 parties de sel pour 1 d'eau, à 15°,5. Dans un mélange réfrigérant, la température descendit rapidement à 6°,6, d'où résulta la formation de cristaux anhydres. La température s'abaissant encore, mais lentement, atteignit 4°,4, où elle resta constante pendant plus de 10 minutes, sous l'influence des courants de chaleur, qui la reportèrent à 5°. Un amas de cristaux enveloppait complétement la boule du thermomètre. Après avoir été laissée pendant une demi-heure dans le mélange réfrigérant, la solution fut transportée dans un nouveau mélange, à —12°. Lorsqu'elle y eut atteint —5°,5, le flacon fut tapissé de cristaux en feuilles de fougère, qui semblaient partir du sommet de l'abondant dépôt de cristaux formés précédemment, et donnaient à la surface supérieure de ce dépôt l'aspect blanc opaque. La température monta à —3°3, et s'y fixa pendant quelques minutes; puis eut lieu la cristallisation soudaine de la solution, et le thermomètre monta à 8°,8.

6e *Expérience*. 2 parties de sel et 1 d'eau dans une éprouvette. Descente rapide à —1°,1. A —5°, l'éprouvette était devenue tellement opaque par les cristaux qu'il n'était plus possible de tirer les indications du thermomètre. Lorsqu'ils se furent déposés, la température s'étant abaissée jusqu'à —8°,8, la cristallisation particulière en feuilles de fougère apparut encore, prenant toujours naissance au sommet du dépôt, et le thermomètre monta à — 3°,3.

7e *Expérience*. Une solution de 20 grammes d'alun de potasse dans 50 grammes d'eau fut bouillie, et ensuite filtrée dans trois tubes catharisés, qui avaient été lavés avec de l'acide sulfurique. Un de ces tubes ayant été immergé dans un mélange de neige et de sel marin, on vit se former dans le fond une masse de beaux cristaux, qui augmentait graduellement d'épaisseur et se rapprochait ainsi de la surface du liquide. Au bout de quelque temps, un pareil assemblage de rameaux cristallins prit naissance à la surface, et en s'épanouissant comme le premier il marcha vers le fond; bientôt, enfin, les deux systèmes effectuèrent leur jonction, et la solution fut totalement solidifiée. Les cristaux avaient la forme de feuilles ou de plumes, avec une côte centrale, des bords dentelés et une brillante couleur blanche. Le tube fut transporté du mélange réfrigérant dans de l'eau à la glace, et les cristaux fondirent rapidement; la solution redevint sursaturée, claire et limpide comme elle l'était primitivement. Pendant que s'opérait leur fusion, les masses cristallines montaient vers la surface.

Cette manière de se comporter de l'alun appartient à une classe considérable de sels qui forment des solutions, sursaturées, c'est-à-dire que beaucoup de solutions, exemptes de noyaux, refroidies jusqu'à —17°, et au-dessous, se solidifient en hydrates instables plutôt qu'elles ne cristallisent; et que ces solutions solidifiées, ramenées à la température de 0°, fondent rapidement et se transforment en solutions sursaturées parfaitement limpides, sans aucune séparation de sel. Cette série d'effets peut se reproduire indéfiniment, pourvu que la solution soit toujours rigoureusement préservée de l'action des noyaux ou des véhicules de noyaux, tels que l'air. Pour satisfaire à cette condition, il suffit que la solution soit filtrée dans des tubes nettoyés, fermés ensuite avec des tampons de coton.

Des sulfates de zinc et de magnésie, en proportions atomiques, avec une petite quantité d'eau, furent bouillis et filtrés dans des éprouvettes, où ils furent réchauffés presque jusqu'au point d'ébullition, puis les vases furent fermés et mis à refroidir. Après le refroidissement, un des tubes fut introduit dans un mélange réfrigérant; il s'était formé de grands et magnifiques cristaux tétraédriques, dont l'assemblage semblait se développer à partir de la paroi du tube, et toute la solution se transforma graduellement en une masse solide. L'éprouvette ayant été ensuite transportée dans un mélange d'eau et de neige, le solide se liquéfia rapidement, et la solution se montra claire et limpide comme elle l'était d'abord.

La solidification de la solution ne doit pas être regardée comme un cas de congélation, puisqu'il ne se forme pas de glace; c'est plutôt un cas de cristallisation anormale des molécules salines en combinaison avec l'eau, un état qui ne peut exister qu'à une basse température dans les conditions qui ont été définies. On peut l'appeler un cas de cristallisation anormale, parce que la plupart des solutions qui ont été essayées se sont conduites de la même manière; c'est-à-dire que dans des mélanges réfrigérants de sel et de neige elles ont donné naissance à des cristaux tétraédriques, qui se sont liquéfiés à 0°.

Une solution sursaturée de sulfate double de cuivre et de magnésie fut amenée à la température d'environ —17°, et l'on vit se former à la surface des cristaux tétraédriques, dont les angles solides grossirent vers le fond jusqu'à la solidification totale de la solution. La couleur bleu foncé avait disparu, et le solide présentait des nuances d'un bleu clair peu sensible. Lorsque le tube eut été introduit dans le mélange de neige et d'eau, l'état liquide reparut avec sa limpidité et toute la force de sa belle couleur bleue.

10e *Expérience.* Du sulfate de zinc et d'alun de potasse formèrent des cristaux tétraédriques. Le triple sel fut ensuite cristallisé dans un vase ouvert, et on en prit 13 grammes qu'on fit bouillir daus 9 grammes d'eau ; il en résulta une solution limpide, qui fut filtrée dans un tube nettoyé, et ce tube, après avoir été bouché, fut mis pour six jours au repos. Au bout de ce temps, il fut soumis à l'action d'un mélange réfrigérant, et le résultat fut un précipité de poudre blanche formé probablement de sulfate basique d'alumine et de sulfate monohydraté de zinc; et sur ce premier dépôt se développa un brillant feuillage blanc, ressemblant à du lierre, et d'un effet exquis. Cette forme en feuille de lierre semble résulter des transformations des cristaux tétraédriques, et probablement on peut attribuer à la même cause les beaux cristaux en forme de plumes que donnait la solution sursaturée du double sulfate de cuivre et de nickel.

11e *Expérience.* Une solution sursaturée de sulfate de fer donna des cristaux tétraédriques, tandis que le sulfate de zinc et d'ammoniaque reproduisit la forme en plumes. La solution de ce dernier sel double se composait de 5 grammes de sel dissous dans 11 grammes d'eau. Dans ce cas un des deux sels étant anhydrique reste étranger à la formation d'une solution sursaturée : aussi le sulfate de potasse, en raison de sa moindre solubilité, intervenait dans cette formation dans tous les cas qui furent expérimentés.

Il est extrêmement vraisemblable que les cristaux tétraédriques mentionnés ci-dessus sont des hydrates des sels qui étaient en solution, et que dans les solutions sursaturées de pareils sels ils existent à l'état anhydre. Lorsque l'on abaisse considérablement la température de ces solutions sursaturées, l'eau de solution ne peut cristalliser et former de glace, parce que les molécules salines sont trop nombreuses pour être séparées des molécules aqueuses; mais lorsque les molécules salines sont amenées par l'abaissement de la température dans les limites de leur sphère d'attraction réciproque, elles forment des masses cristallines qui emprisonnent les molécules de l'eau.

Il ne semble pas possible de déterminer les degrés d'hydratation de ces cristaux tétraédriques. C'est assurément une étude difficile que celle de cristaux qui n'existent qu'à de très-basses températures, et dans l'absence des noyaux. Dans un cas, peu de temps après que les cristaux avaient commencé à se former dans la partie moyenne du tube, en s'attachant à ses parois, le tube fut enlevé du mélange frigorifique et tenu dans l'air, à la température d'environ 10°. Les cristaux se rompirent et lancèrent au fond du tube une grande quantité de poudre anhydre, qui entra de suite en combinaison avec l'eau, en même temps que la température s'élevait, de sorte qu'à l'instant où le tube fut plongé dans le mélange de neige et d'eau, il se couvrit d'une couche de glace, à l'exception du fond, dont la surface, dans une longueur de 6 millimètres, resta parfaitement nette.

Nous avons vu qu'une solution sursaturée de sulfate de soude, dans un mélange réfrigérant, dépose des cristaux octaédriques du sel anhydre, qui absorbe de l'eau et forme le sel anormal de 7 atomes. Ce dernier sel ne peut être exposé à l'air sans s'échauffer et fixer trois équivalents d'eau additionnels. Les solutions hautement sursaturées du même sel commencent à déposer le sel anhydre à différentes températures au-dessous de 4°. Mais si elles restent tranquilles, il peut arriver qu'elles résistent à une température de —6° ou —7°, sans aucune altération visible. Dans le cours de l'hiver dernier, un flacon globulaire rempli d'une solution (3 de sel pour 1 d'eau) dont une partie occupait le col, fut placé un soir sur le bord d'une fenêtre, et le lendemain matin un thermomètre enregistreur marquait une température minimum de —8°. Il n'y avait pas de dépôt dans le flacon; mais à peine eut-il été légèrement remué que la solution transparente devint opaque par la multitude de cristaux octaédriques qui se formèrent immédiatement. Ces cristaux se déposèrent promptement, et le dépôt se recouvrit d'une belle touffe de feuillets et de prismes dont les sommets obliques étaient les points de courants de chaleur ascendants, tandis que le liquide au-dessus, consistant dans une solution de sel anhydre, reprenait une transparence parfaite.

Ce serait vainement, peut-être, qu'on chercherait à

reconnaître la véritable condition de cette solution, lorsqu'elle est parvenue à 20 degrès au-dessous de la température où se déposent ordinairement les cristaux de sel anhydre. Ces cristaux prennent-ils naissance en un même instant? ou existaient-ils déjà dans la solution, mais à un état moléculaire qui les rendait invisibles parce qu'ils avaient le même indice de réfraction que la solution, jusqu'à l'instant où, l'agitation les dégageant de l'eau extérieure aux groupes moléculaires, ils abandonnent, cette eau reprennent une existence indépendante avec la densité réfractive qui leur est propre, et deviennent ainsi visibles? Lorsque l'eau est refroidie à plusieurs degrés au-dessous de son point de congélation, y a-t-il une solution sursaturée de glace? et la glace existe t elle réellement, rendue invisible par une cause quelconque? Mais, dira-t-on, si le sel était présent et invisible, il devrait tomber par son poids. On peut répondre que peut-être il est soutenu par la viscosité de la solution ; et n'y aurait-il pas dans une masse liquide une condition d'adhésion intime, moindre que celle qui est nécessaire pour l'état de solution, mais plus grande que celle qu'exige l'existence indépendante d'un cristal, et qui aurait pour effet de tenir suspendu dans le liquide un corps solide plus pesant, de l'y rendre invisible, jusqu'à ce qu'une légère perturbation mécanique vienne détruire cet effet d'adhésion, rendre au solide son indépendance et lui permettre d'obéir à l'action de la pesanteur?

Le mélange des deux sulfates de zinc et de magnésie

dans les proportions atomiques forme avec l'eau bouillante une solution qui se comporte, quand elle a été filtrée dans un tube nettoyé et refroidie à —6°, exactement comme la solution sursaturée de sel de Glauber à de plus hautes températures; c'est-à-dire que le double sel dépose au fond du tube des cristaux obliques d'un plus bas degré d'hydratation, tandis qu'au-dessus la solution reste sursaturée. Dès qu'on enlève le tampon de coton, la cristallisation s'établit, à partir de la surface; et lorsque le sel atteint la masse du fond, cette masse prend la teinte blanc opaque par suite de sa division en menus cristaux et de l'absorption d'une quantité additionnelle d'eau de cristallisation. Si, avant que la solution cristallise, on l'extrait du tube, et que l'on presse les cristaux modifiés entre des plis du papier-filtre, ces cristaux s'échauffent immédiatement par l'absorption de l'eau, et leur constitution est changée.

Ce sel modifié de zinc et de magnésie, comme le sulfate de soude à 7 atomes, diffère totalement des cristaux tétraédriques considérés précédemment, étant beaucoup plus permanent, même aux températures atmosphériques, et invariable aussi longtemps qu'il est couvert par la solution. Mais, ainsi que le sulfate de soude à 7 atomes, il cesse d'exister dès qu'il est reposé à l'air, car il fixe immédiatement une quantité additionnelle d'eau, et se transforme en sel normal.

Le sulfate de zinc et de soude, ou de zinc et de cadmium, forme aussi des solutions sursaturées, lesquelles, à environ —12°, forment des composés ressemblant aux cristaux tétraédriques, d'une texture soyeuse, qui fondent rapidement à 10°, la solution redevenant alors claire et limpide. A une température plus basse, le sulfate de zinc et de soude forme des cristaux d'un caractère particulier, qui seront considérés dans une addition à ce mémoire.

Eu variant la force des solutions et la température à laquelle on les soumet, aussi bien que la durée de leur exposition au froid, on obtient des résultats également variés. Rüdorff (*) a fait voir, il y a quelques années, qu'en employant des solutions *saturées* de simples sels, et les amenant à de basses températures, on obtient de la glace avec un composé hydraté du sel en question. Dans les expériences précédentes sur les solutions sursaturées dans des vases clos chimiquement purs, les conditions sont tout à fait différentes, et il ne se forme pas de glace. Dans quelques cas, les solutions deviennent visqueuses comme des sirops, mais elles ne se congèlent jamais. Par exemple :

12e *Expérience*. — Du sulfate de soude et d'alun de potasse dans les proportions atomiques formaient, dans un large plat d'évaporation, une masse amorphe, contenant 55 pour 100 d'eau de cristallisation. Une partie de cette masse, arrosée de gouttes d'eau, s'échauffa graduellement et atteignit la température d'ébullition sans qu'il se fît aucun dépôt de sel anhydre. Après avoir été filtrée dans les tubes, elle fut maintenue pendant plu-

(*) Jahb., *Der Chemie*, 1862, p. 20.

sieurs heures à — 10°, et elle devint très-visqueuse, sans aucun dépôt de sel. Sous l'influence d'un noyau, la solution cristallisa, en même temps que s'effectuait une séparation visible entre les deux sels.

Dans certains cas les résultats varient, à moins que le double sel ne soit formé avant qu'on en fasse une solution sursaturée. Par exemple :

13e *Expérience.* — 16 grammes de sulfate de magnésie en grands cristaux, et 20 grammes de sulfate de soude, sec, mais non efflorescent, et 15 1/2 grammes d'eau furent chauffés jusqu'à l'ébullition et filtrés dans deux tubes. A environ — 10°, le sulfate de soude cristallisa séparément en longues lignes, après quoi le sel de magnésie s'attacha aux parois, et se développa comme un végétal. Les tubes furent chauffés de nouveau jusque près de l'ébullution ; et la solution fut versée dans un petit plat d'évaporation, et placée sur un bain de sable. Il se forma des écailles cristallines à la surface, consistant dans une bosse centrale entourée par un anneau plat avec des lignes radiales dirigées vers le centre, et cet anneau était lui-même enveloppé par un autre semblable. 1,2 gramme du double sel, chauffé dans un creuset de porcelaine, se réduisit à 0,45, donnant ainsi environ 62 pour 100 d'eau de cristallisation. 30 grammes de ce sel avec 15 grammes d'eau furent bouillis et filtrés dans deux tubes. Après le refroidissement, les tubes furent plongés dans un mélange frigorifique de neige et de sel marin ; au bout de quelque temps, la cavité en forme de coupe qui formait le fond du tube se borda de poudre anhydre, de laquelle naquirent de petits cristaux aigus et aciculaires. Ensuite, la courbe capillaire de liquide, à la surface, se solidifia, et lança vers le bas des cristaux aciculaires. Tout à coup le sulfate de soude se sépara à la surface, et produisit ces lignes cristallines que l'on connaît.

Mais toutes ces variations laissent subsister et corroborent la conclusion principale de nos recherches, savoir, que les solutions hautement sursaturées, lorsqu'elles sont préservées de l'action des noyaux et amenées à de basses températures, forment des composés de divers degrés d'hydratation, qui ne peuvent exister qu'à ces basses températures, et dans des vases d'une pureté chimique parfaite.

Addition. Sur le sulfate de zinc et de soude. — *Observations faites sur un sel invisible dans son eau-mère.* — Sir David Brewster inventa il y a plusieurs années une méthode aussi simple qu'exacte pour déterminer le pouvoir réfractif de fragments solides, sans prendre la peine de les tailler et de les polir. Suivant cette méthode, étant donné un fragment d'un solide vitreux quelconque, un éclat provenant de sa brisure, tellement irrégulier qu'on ne pouvait voir les objets au travers, on cherche quelque liquide de même pouvoir réfractif. A cet effet, on se fonde sur ce principe que, lorsqu'un solide transparent est plongé dans un liquide de même densité réfractive, les rayons incidents qui pénètrent dans le liquide traversent le solide sans aucune réfraction à leur entrée ni à leur sortie, de sorte que les objets peuvent être vus à travers le liquide contenant le solide aussi distinctement qu'avant l'immersion. C'est ainsi qu'un morceau de crown glass, de la forme la plus irrégulière, et en conséquence tout à fait opaque, devient presque invisible dans le baume de Canada, et si transparent qu'on peut lire une page imprimée à travers le liquide dans lequel il est plongé. On conçoit dès lors la possibilité de mélanger des liquides de pouvoirs réfractifs différents, de manière à obtenir un composé qui ait exactement le même degré de réfringence que le solide proposé. L'huile de casse mélangée avec l'huile d'olive en diverses proportions peut servir à déterminer les pouvoirs réfractifs de tous les solides compris entre les 5,077 (le pouvoir réfractif de l'huile de casse) et 3,113 (celui de l'huile d'olive).

Il ne paraît pas encore certain que cette excellente méthode soit mise en pratique par les personnes qui sont adonnées à l'industrie ou au commerce des pierres précieuses. Si une topase, ou autre pierre, à l'état brut, est introduite dans du baume du Canada, ou dans de l'huile de sassafras, ou dans d'autres liquides à peu près de même densité réfractive, et qu'on la retourne sur elle-même, afin que les rayons de lumière la traversent dans toutes les directions, ses plus légers défauts, tels qu'une fente ou une fêlure invisible, seront mis promptement à découvert. D'ailleurs, le procédé n'exige pas l'égalité absolue des pouvoirs réfractifs, il réussit encore lorsque le solide est un peu plus réfringent que le liquide où il est plongé, ce qui est le cas du diamant, de la jaspe, du spinelle, du rubis, etc. ; l'immersion de ces pierres dans l'huile de casse ou dans le terchlorure d'antimoine en décèle les défauts les plus imperceptibles, et les met en pleine évidence. Dans l'eau elle-même, ces défauts sont plus sensibles que dans l'air. Enfin, le même procédé sert aussi à distinguer les vraies pierres précieuses de toutes leurs imitations artificielles.

M. Tomlinson ne se rappelle pas que jamais un chimiste ait signalé la propriété que possède un sel de devenir invisible dans un liquide de même densité réfractive. Il en fit la première remarque en examinant l'action des basses températures sur les solutions sursaturées des sels doubles. Du sulfate de zinc et du sulfate de soude avaient été mélangés dans les proportions atomiques, dissous dans une petite quantité d'eau, seulement suffisante pour éviter les dépôts de sel anhydre pendant l'ébullition. La solution bouillante fut filtrée dans des éprouvettes nettoyées, et on la préserva de l'action des noyaux en bouchant les tubes avec des tampons de coton. Après leur refrodissement naturel, les tubes furent plongés dans un mélange réfrigérant de neige et de sel marin, sans production d'aucun effet visible ; ils furent ensuite mis à part, toujours bouchés de leurs tampons, et laissés en repos pendant une semaine. En les examinant après cet intervalle on les déboucha, et il ne se produisit aucun signe de cristallisation ; mais alors on prit l'un d'eux, et en appuyant le pouce contre l'ouverture, on le fit tourner de manière à mettre le haut en bas, et aussitôt on y aperçut une grande masse de cristaux : ces cristaux étaient devenus visibles, parce qu'ils n'étaient plus couverts par l'eau-mère, devenue une solution simplement saturée. De l'air entra dans certaines cavités des cristaux, et lorsque le tube eut été remis dans sa position primitive, les cristaux enveloppés de nouveau par l'eau-mère redevinrent invisibles, tandis que les cavités pleines d'air se montraient distinctement et avec une netteté parfaite. Cette expérience rappela au souvenir de M. Tomlinson la méthode suggérée par sir David Brewster, et ce fut alors qu'il en apprécia toute la valeur. Réellement on ne peut imaginer un meilleur moyen, pour un lapidaire intelligent, de découvrir les cavités ou les fentes invisibles des pierres précieuses, afin de reconnaître ce qu'elles valent avant de se décider à les tailler et à les polir.

En répétant l'expérience avec le double sel, on trouva par un examen très-attentif que, dans le mélange réfrigérant, la solution devenait solide, mais si transparente, qu'un observateur non prévenu n'en aurait pas soupçonné l'existence. Un des tubes, qui était rempli plus qu'aux trois quarts, présentait quelques aiguilles disséminées à la surface du liquide, annonçant que la cristallisation s'était opérée. En passant une spatule de platine dans la solution, on reconnut qu'elle avait une consistance pulpeuse, et l'on eut la confirmation de ce fait en remarquant qu'on pouvait renverser le tube sans répandre ce qu'il contenait. Par un repos prolongé, le sel pulpeux devenait cristallin, et l'eau-mère, de même densité réfractive, se séparait.

Ce sulfate de soude et de zinc, obtenu dans un vase ouvert d'évaporation, contient seulement quatre équivalents d'eau. Dans un tube fermé, s'il est abandonné au repos pendant plusieurs semaines, il prend un autre état d'hydratation ; mais en même temps il acquiert un nouvel indice de réfraction, et c'est ainsi qu'il devient visible.

V. **Action des noyaux sur les solutions sursaturées salines.** — Déjà nous avons considéré les conditions d'après lesquelles un gaz ou une vapeur se sépare de sa solution sursaturée, et nous nous sommes appliqué à établir qu'un corps est *actif* ou *inactif*, comme noyau, selon qu'il est chimiquement *impur*, ou qu'il est *pur*. On a objecté contre ces expressions qu'un rouleau de suif, par exemple, peut être chimiquement aussi pur qu'une baguette de verre catharisée. Nous allons, en conséquence, préciser la signification des termes *pur* et *impur*, et fixer les conditions desquelles dépend l'action réelle des noyaux pour séparer un sel de sa solution sursaturée.

Afin d'éclaircir ce qu'il y a d'obscur et d'expliquer ce qu'il y a souvent de contradictoire dans la manière dont se comportent les solides employés comme noyaux, et destinés ainsi à opérer une telle séparation d'un gaz ou d'une vapeur, nous avons montré que l'action des solides considérés dépend de cette seule question : sont-ils ou ne sont-ils pas *chimiquement purs* à leur surface, au moment du contact avec la solution dans laquelle ils sont placés ?

Suivant nos définitions, un *noyau* est tout corps qui a une plus forte attraction pour le gaz ou la vapeur ou le sel d'une solution, que pour le liquide dans lequel s'est faite la solution elle-même.

Un corps est *chimiquement pur* lorsque sa surface est absolument exempte de toute substance étrangère à sa propre composition.

Remarquons bien qu'il ne s'agit que de la surface, et que la surface seule est à considérer dans les noyaux. Si donc, dans la suite, le mot de surface n'est pas exprimé quand nous parlerons des noyaux, il sera toujours sous-entendu. Nous pourrons dire, par exemple, qu'une baguette de verre sera chimiquement pure lors même qu'elle contiendra, complétement renfermée dans sa masse, une particule de carbone ou d'oxyde de fer ou d'autre matière ; mais il en serait autrement si la particule se montrait à la surface et en formait une partie. De même, un rouleau de suif, de stéarine, de paraffine sera pour nous chimiquement pur, aussi longtemps que sa surface satisfera à la condition ci-dessus définie.

De même encore, les huiles liquides, tant fixes que volatiles, seront chimiquement pures quand elles ne contiendront, à l'état de mélange ou de solution, aucune substance qui leur soit étrangère. Mais à l'égard des substances étrangères, et relativement à leurs fonctions de noyaux, une distinction importante doit être faite : leurs propriétés, en effet, sont esssentiellement différentes, selon qu'elles existent en masses lenticulaires ou globulaires, ou sous la forme de minces couches superficielles.

La *catharisation* (1) consiste à nettoyer la surface des corps de toute substance étrangère; et les corps qui ont subi cette opération sont dits *catharisés.*

Comme les objets matériels exposés à l'air d'une chambre ou au toucher des mains en reçoivent toujours, au moins à quelque degré, une couche superficielle de matière étrangère, il convient de classer les corps en *catharisés* et *non-catharisés.*

Et nous pourrons, sans abuser de la liberté des définitions, comprendre dans la classe catharisée les portions de surface qui se trouveront pures sans le secours d'aucune opération. C'est ainsi qu'un caillou, pris dans son état ordinaire, a sa surface non-catharisée; mais si on le brise, les facettes des fragments produites par la brisure sont pures pendant quelque temps, et nous pourrons dire, en conséquence, qu'elles sont catharisées.

En nous référant à la définition des noyaux ou à la propriété qui les caractérise, comme, parmi les corps, les uns possèdent cette propriété, tandis que les autres ne la possèdent pas, nous les rangerons en deux caté-

(1) Du mot grec καθαριζω, purger, purifier, nettoyer, — de καθαροσ, pur, propre.

gories : les *noyaliques* et les *non-noyaliques*. Les premiers sont donc ceux qui, *par eux-mêmes*, peuvent agir comme noyaux; les autres sont, dans les mêmes circonstances, entièrement inactifs.

Les corps noyaliques semblent être relativement peu nombreux; la plupart des substances que nous offre la nature sont non-noyaliques.

La classe des noyaliques comprend les vapeurs et les liquides oléagineux ou autres qui forment des couches minces à la surface des liquides et des solides; et généralement toutes les substances qui se déposent en couches superficielles, mais seulement lorsqu'elles forment de pareilles couches. Ainsi, par exemple, un rouleau de suif chimiquement pur est sans action noyalique, mais une couche mince de suif est un noyau très-énergique; il en est ainsi d'un globule d'huile de castor, etc.

Si une goutte de liquide est déposée à la surface d'un autre liquide, il peut arriver qu'elle se mélange avec celui-ci; mais s'il n'y a pas de mélange, elle se répand en couche mince, ou elle prend la forme lenticulaire, et l'un ou l'autre de ces deux cas a lieu en vertu de la règle suivante : si une goutte d'un liquide B, dont la tension à la surface est b, est déposée sur un autre liquide A, dont la tension à la surface est a, la goutte se répand en couche mince, si $a > b + c$ (c étant la tension de la surface commune des liquides A et B) ; mais si $a =< b + c$, la goutte reste sous la forme lenticulaire. Il s'en suit que, si B se répand sur la surface de A, A ne se répandra pas sur la surface de B. La valeur de *c* est nulle, lorsque les liquides A et B se mélangent en toutes proportions, comme c'est le cas de l'eau et de la glycérine.

Dans le cas des olutions sursaturées, la goutte ne peut se répandre que lentement, en raison de la *viscosité superficielle*, ou de la difficulté plus ou moins grande des molécules superficielles à se déplacer.

Une baguette de verre qu'on frotte dans les mains se recouvre d'une couche de matière que les mains lui ont communiquée ; si elle est exposée dans l'air, elle contracte une couche provenant de la condensation des vapeurs, des poussières flottantes, etc., et, dans les deux cas, elle acquiert la propriété des substances noyaliques.

Les corps *poreux*, tels que le charbon de bois, le coke, la pierre ponce , l'écume de mer, etc., composent une classe particulière de corps noyaliques ; mais ils n'agissent efficacement que sur les vapeurs des solutions ; quand ils sont catharisés, ils n'ont pas le pouvoir de séparer les sels de leurs solutions sursaturées.

Dans la nombreuse classe des non-noyaliques, on peut citer le verre, les métaux, etc. Ils doivent d'ailleurs être supposés à l'état de pureté chimique parfaite, c'est-à-dire, comme nous l'avons déjà noté, que leur surface doit être parfaitement pure de toute matière étrangère à leur composition chimique.

L'air est aussi un non-noyalique ; le caractère noyalique qui lui a été attribué n'est dû qu'aux substances dont il est le véhicule. L'air filtré dans de la ouate de coton se montre dépourvu de toute action de noyau; il en est de même, si on l'a exposé à une forte chaleur.

Des faits nombreux remarqués dans les expériences connues d'Orsted, de Schönbein, de Gernez, de Löwel, et d'autres, aussi bien que nos propres expériences, démontrent que les corps de notre seconde classe, ceux que nous considérons comme non-noyalistes, sont bien réellement dépourvus de la propriété d'agir comme noyaux, et que si on les a jugés autrement, c'était parce qu'on n'avait pas égard à la condition de la pureté de la surface. Il nous serait impossible d'examiner en détail toutes les substances de cette classe; il nous suffira d'en considérer quelques-unes, et de montrer que dans celles qui avaient paru se comporter en noyaux toute l'action était due à leur couche superficielle. Il n'y aurait qu'un moyen de détruire nos conclusions, ce serait de prouver que les mêmes substances, convenablement catharisées, exerceraient encore une action noyalique.

Nos premiers mémoires contiennent une exposition détaillée de la manière d'agir des noyaux, lorsqu'ils séparent des gaz ou des vapeurs de leurs solutions sursaturées. Si le noyau est pur ou catharisé, il ne peut effectuer cette séparation, parce que la solution adhère à sa surface comme un tout indivisible; c'est-à-dire que le noyau adhère avec la même force au gaz ou à la vapeur, et au liquide de la solution. Mais si le noyau est impur ou non-catharisé, le gaz ou la vapeur ou le sel adhère plus fortement à sa surface que le liquide, et en conséquence le gaz ou la vapeur ou le sel se sépare de la solution. Ce que nous nous proposons actuellement, c'est de montrer qu'un noyau est un corps dont la surface est contaminée par une légère couche de matière étrangère ; qu'une telle contamination est la condition nécessaire de cette adhésion qui produit les effets noyaliques ; et qu'un liquide, tel qu'une huile, doué d'une puissante action de noyau lorsqu'il est en couche mince, la perd totalement sous la forme d'un globule ou d'une lentille.

Il y a toutefois certains liquides qui se répandent en couches minces et agissent comme noyaux, mais probablement en exerçant leur attraction sur l'eau, et non sur le sel des solutions sursaturées, bien qu'on ait quelques raisons de croire que l'action de ces liquides consiste à diminuer la tension de la surface, ce qui sera l'objet d'une considération particulière dans notre prochain mémoire ; l'alcool absolu est dans ce cas. D'autres liquides, notamment la glycérine, se diffusent dans la solution sursaturée, sans agir comme noyaux. Les solutions salines peuvent aussi saponifier les huiles grasses, ou agir sur elles chimiquement de quelque autre manière, sans opérer aucune séparation du sel due à une action noyalique ; nos expériences en offriront des exemples.

Dans la préparation de toutes les expériences relatives aux propriétés des noyaux, on doit s'attacher surtout à bien nettoyer les flacons et autres appareils qui seront en contact avec les liquides, par l'emploi d'un alcali caustique, de l'acide sulfurique ou de l'esprit de vin. Lorsqu'il s'agit d'opérer sur des noyaux, il n'est pas nécessaire de boucher hermétiquement les flacons avec de la ouate de coton, il suffit de les fermer en posant sur le col un verre de montre. Les solutions peuvent être ainsi conservées à l'état de sursaturation pendant des semaines, et même des mois, dans une chambre tranquille. La ouate de coton convient admirablement lorsque les flacons doivent être tenus en magasin pour un temps indéfini, et ouverts seulement à l'instant où l'on veut déterminer la cristallisation ; mais, quand un flacon ne doit être ouvert que pour l'insertion d'un noyau, la ouate est sujette à un inconvénient, en ce qu'elle peut laisser dans le col, lorsqu'on la retire, quelques filaments de coton ; l'inconvénient est inévitable si, pendant le filtrage, une petite quantité de la solution se répand sur le col, où elle cristallise ; en outre, lorsqu'on enlève le tampon de coton, un égal volume d'air pénètre dans le flacon, et il est rare que cet air ne dépose pas un noyau sur la solution. Dans les expériences suivantes, une solution composée d'une ou de deux ou trois parties de sel de Glauber avec une partie d'eau fut préparée dans un grand flacon, et filtrée bouillante dans un certain nombre de flacons de trois onces bien nettoyés. Chaque flacon reçut environ deux onces de la solution, fut ensuite simplement fermé par un verre de montre, mis à refroidir et laissé en repos jusqu'au lendemain.

1re *Expérience.* — Quatre onces de sel de Glauber dans quatre onces d'eau furent bouillies et filtrées dans quatres flacons fermés par des verres de montre et mis à refroidir. Une baguette de verre nettoyée fut plongée dans de l'huile de veau-marin clarifiée ; après avoir enlevé doucement le verre de montre de l'un des flacons, on y déposa avec précaution, sur la surface de la solution, une goutte d'huile suspendue à l'extrémité de la baguette, et immédiatement on remit en place le verre de montre. La goutte d'huile se répandit en couche bien marquée, avec apparition d'anneaux colorés ; et aussitôt on vit se détacher de la face inférieure de la couche et tomber vers le fond du vase de grands cristaux ayant la forme de prismes plats avec les sommets dièdres du sulfate de soude à dix atomes, le sel normal de la solution. Les prismes avaient environ 3, centimètres de longueur, et 7 millimètres de largeur. La cristallisation continua sur tous les points de la face inférieure de la couche d'huile, et à mesure que tombaient les groupes de cristaux d'autres se formaient pour les remplacer ; finalement, toute la solution fut transformée en un bloc de beaux cristaux dans une petite quantité de liquide. Cet effet est entièrement différent de la cristallisation spéciale qui a eu lieu lorsqu'une solution sursaturée de sel de Glauber est soumise à l'action d'un noyau sur un ou deux points de sa surface, comme dans le cas où il entre dans le vase des atomes de poussière flottante, ou lorsque la surface est touchée par un corps noyalique. Dans ces diverses circonstances, il se forme, en chaque point touché, de petites aiguilles cristallines divergentes, se déposant et s'amoncelant avec une rapidité qui ne permet pas la formation de cristaux réguliers. Mais dans le cas actuel, où la surface totale, et cette surface seule, est soumise à l'action noyalique de la couche d'huile, l'action est moins rapide, parce qu'elle ne s'exerce pas perpendiculairement, mais parallèlement à la surface; les cristaux se moulent, en quelque sorte, eux-mêmes sur la couche d'huile; à mesure qu'ils s'en détachent, de nouvelles portions de la solution viennent se mettre en contact avec la couche dont ils subissent également l'influence, et ainsi de suite. Cette même expérience fut répétée sur les solutions des trois autres flacons avec le même résultat.

La même expérience répétée sur des sels de Glauber de différentes forces avec des gouttes d'éther, d'alcool absolu, de naphte, de benzole, d'essence de térébenthine et d'autres huiles volatiles, ainsi qu'avec des huiles fixes, telles que l'huile de baleine, l'huile d'olive, l'huile de castor, etc., d'origine animale ou végétale, a donné des résultats qui l'accordent, sans aucune exception, à établir que, dans tous les cas où une huile se répand en couche superficielle à la surface de la solution, elle agit comme un puissant noyau.

2° *Expérience.* — Une solution de deux parties de sel de Glauber pour une d'eau (1) fut bouillie et filtrée dans

(1) La solution, comme on le voit, contenait deux fois autant de sel que la solution employée dans la 1re expérience, et, par conséquent, elle était beaucoup plus sensible à l'action des noyaux. La

trois flacons, qu'on recouvrit de verres de montre, et qu'ensuite on abandonna jusqu'au lendemain. Une goutte d'huile de castor fut déposée sur la surface de la solution dans chacun d'eux ; elle forma une lentille qui s'applatit graduellement ; mais il n'y eut point de séparation de sel, pas même après qu'on eut agité le flacon assez fortement pour diviser l'huile en petits globules.

3e *Expérience*. — Les cols de quelques flacons nettoyés furent enduits intérieurement d'huile de castor, et l'on y filtra la solution bouillante de sel de Glauber : l'huile se forma en globules, dont quelques-uns coururent dans la solution. Le lendemain, il n'y avait aucune séparation de sel. Le flacon reçut un mouvement rapide de rotation, et la surface du liquide se creusa en tournoyant; les globules d'huile descendirent au fond du tourbillon, où ils se brisèrent et se fondirent de manière à former une émulsion; mais le repos rendit a la solution toute sa limpidité, l'huile se remontra en globules semblables aux premiers, et l'on n'aperçut encore aucune formation de cristaux.

4e *Expérience*. — Si, pendant qu'on fait tournoyer le liquide, on lui imprime tout à coup une violente secousse qui ait pour effet d'aplatir quelques globules contre la paroi du vase, à tel point qu'ils forment une petite couche,

sensibilité augmente aussi quand la température s'abaisse ; à de basses températures, les cristaux se forment plus rapidement et en faisceaux plus compactes, que lorsque la température est plus élevée, ou la solution plus faible.

toute la solution devient immédiatement une masse solide; ou bien, si par une forte pression du doigt on fait une tache d'huile sur la surface intérieure du col, la solution cristallise aussitôt qu'elle a le contact de cette tache. On pourrait soupçonner que dans cette expérience c'est le doigt qui introduit la matière noyalique, mais voici une autre expérience à l'abri de cette objection. Qu'on prenne un fil de fer catharisé, par consequent inactif quand on le plonge dans la solution, et qu'on frotte ce fil contre la paroi du vase en faisant en sorte qu'il écrase un des globules d'huile : on verra naître aussitôt sur toute la ligne de son passage dans le liquide une multitude de petits cristaux d'un blanc de craie, et les cristaux servir eux-mêmes de noyaux au reste de la solution.

Une tache faite avec le doigt, spécialement s'il est un peu huileux, sur la paroi intérieure du vase, constitue généralement un noyau ; quand on incline doucement le flacon, aussitôt que la solution a le contact de cette tache, sa surface se déprime, ses bords se déchirent, et le sel commence à se séparer. Si toutefois la solution roule sur la tache en globules bien arrondis qui préservent la tension de la surface, il n'y a pas de séparation de sel.

5e *Expérience*.—La stéarine extraite du suif de mouton produisit immédiatement la cristallisation dans les solutions sursaturées de sel de Glauber. Les solutions furent chauffées à un feu d'abord très-doux et portées graduellement à l'ébullition. En se refroidissant, la stéarine, maintenant catharisée, se réunit en disques ; mais elle ne montra plus aucune action de noyau, même lorsque le liquide était agité. Le flacon ayant été ensuite débouché, l'air y porta des noyaux qui produisirent une cristallisation immédiate.

Du reste, à moins d'être chimiquement pures dans le sens de notre définition, les huiles déterminent la cristallisation, soit qu'elles aient la forme lenticulaire, ou qu'elles se répandent en couches sur les solutions. Ainsi, un spécimen d'huile de blanc de baleine placé au centre de la surface d'une solution sursaturée de sel de Glauber prit la forme d'une lentille, et de dessous sa surface convexe partirent des lignes de cristaux rayonnant vers le fond du vase. Le flacon fut chauffé, sa température fut élevée lentement presque jusqu'au point d'ébullition, et, en se refroidissant, l'huile forma un grand nombre de disques lenticulaires, mais elle n'avait plus le pouvoir de séparer le sel, même avec l'agitation du flacon.

Les huiles volatiles qui contiennent des produits d'oxydation, du poussier, etc. peuvent aussi former des lentilles à la surface des solutions, et néanmoins exercer l'action de noyaux ; si ces mêmes huiles sont redistillées, elles forment encore des lentilles, mais elles n'opèrent plus la séparation du sel, ce ne sont plus des noyaux.

7e *Expérience.* Une huile d'amandes amères, de couleur sombre, forma une lentille à la surface d'une solution de sel de Glauber, et cette lentille se couvrit immédiatement de cristaux. La cristallisation était si énergique que les cristaux s'élevaient au-dessus de la surface liquide, et portaient l'huile comme sur une plate-forme. L'huile, soumise à la distillation, donna un liquide incolore et limpide, dont on laissa tomber succcessivement vingt gouttes sur la surface d'une solution sursaturée de sel de Glauber. Les gouttes se réunirent en une belle lentille lustrée mais il n'y eut plus de séparation de sel. Au bout d'une demi-heure environ, la lentille s'entoura d'un disque blanc opaque, ou d'un halo d'acide benzoïque. Par l'agitation du vase, l'huile se répandit en globules dans la solution, et au bout de quelques jours elle se trouva convertie en flocons d'acide benzoïque, qui prenaient un vif mouvement de rotation à la surface de l'eau chimiquement pure, à la manière du camphre. Il n'y eut point de séparation de sel jusqu'à l'instant où les flocons furent enlevés avec une spatule non catharisée, dont le contact avec la solution la fit se solidifier.

8e *Expérience.* De l'essence de térébenthine nouvellement distillée forma une lentille à la surface d'une solution sursaturée de sel de Glauber et subsista sans modification pendant quelques jours. Une goutte de la même essence, mais anciennement distillée, fut déposée sur la surface de la solution; elle se répandit en une couche qui déplaça la lentille, et la solution cristallisa

9e *Expérience.* Du bisulfure de carbone et du chloroforme donnèrent aussi des lentilles bien dessinées à la surface d'une solution sursaturée de sel de Glauber, et ils s'évaporèrent lentement sans produire la cristallisation.

10° *Expérienee.* De la glycérine et de la naphthe de bois, mélangées avec la solution, la rendirent moins transparente sans séparation de sel. D'ailleurs, quand on touchait avec un fil de fer les solutions traitées ainsi, on opérait leur cristallisation immédiate.

11° *Expérience.* Une solution, composée de 1 1/2 partie d'alun de potasse et d'une partie d'eau, fut bouillie et filtrée dans un certain nombre de flacons. Après le refroidissement, les solutions montrèrent une grande viscosité. Une goutte d'huile pâle de veau-marin limpide se répandit en couche à la surface de la solution d'alun. La cristallisation s'établit sur tous les points, et la jonction des plans de cristallisation donna à la surface l'apparence d'un point central et de six rayons formant six angles dont les uns étaient de 30°, et les autres de 60°.

12° *Expérience.* De l'oléine de suif, de l'oléine d'huile de poisson, et de l'acide oléique provenant de l'huile de palmier formèrent des lentilles bien dessinées à la surface de la solution d'alun, sans aucune séparation de sel.

13° *Expérience.* De la benzole, de l'huile d'aneth, de la térébenthine et quelques autres liquides formèrent des couches qui donnèrent naissance, sous leur face inférieure, à des cristaux octaédriques.

Les expériences s'appliquèrent également aux solutions

sursaturées d'alun d'ammoniaque, de sulfate de magnésie et d'acétate de soude. Bien que ces solutions ne soient pas aussi propres que la solution du sel de Glauber à mettre en évidence les phénomènes en question, cependant avec la précaution d'éviter les cas d'anomalies, comme ceux où la cristallisation se produit par l'état chimiquement impur d'une goutte d'huile ancienne, ou par l'introduction de particules flottantes de l'air lorsque le couvercle ferme mal, le résultat d'un grand nombre d'expériences, faites avec des liquides très-variés, conduit à cette conclusion que les liquides sont noyaliques sous la forme de couches, et non-noyaliques sous la forme de lentilles, de globules et de gouttes.

Dans le premier cas, c'est-à-dire dans le cas où une goutte de liquide deposée sur la solution se répand à sa surface et la couvre avec apparition de couleurs, la tension de surface est assez diminuée pour permettre le contact; et lorsque cette sorte d'action toute particulière a lieu, le sel de la solution adhérant plus fortement à la couche que l'eau de la solution, la séparation du sel et sa cristallisation commence, et une fois qu'elle a commencé elle se continue et se propage. L'action est la même avec les corps solides qui ont contracté une couche superficielle de noyaux, due au toucher des mains, ou à l'exposition dans l'air; ces corps ne sont actifs, ou noyaliques, qu'en vertu de cette couche de matière qui recouvre plus ou moins leur surface.

D'autre part, lorsqu'une ou plusieurs gouttes d'huile,

déposées à la surface d'une solution sursaturée, prennent la forme lenticulaire, ou même lorsqu'elles s'aplatissent en disques qui s'étendent plus ou moins sur la solution, les lentilles ou les disques ainsi formés conservent leur tension de surface, et ils n'interviennent que trèslégèrement dans la tension de la solution sur laquelle ils reposent. Leur adhésion est certainement différente d'une couche, comme on peut s'en convaincre en versant trente ou quarante gouttes d'essence de térébenthine nouvellement distillée sur la surface chimiquement pure d'une eau contenue dans un vase de verre de peu de profondeur, de 3 à 4 pouces de diamètre. L'huile couvrira, au moins à peu près, la superficie de l'eau, avec une certaine quantité de tension de surface aux points de contact, ou plutôt, en quelque sorte, à la frontière des deux liquides. Si maintenant, au-dessus de l'huile qui repose sur l'eau, on râtisse quelques morceaux de camphre, la matière fragmentée sera immédiatement mouillée par la térébenthine, et couverte par une solution de camphre dans cette huile. La solution de camphre formera une couche avec des couleurs irisées à la surface de l'eau; une particule de camphre se mettra à courir dans l'espace qui l'environne, et sa course se trouvant bornée de tous côtés par la disposition à peu près symétrique des couches aux couleurs irisées, elle prendra l'apparence d'un papillon des tropiques. Comme la particule se meut sur la surface de l'eau, elle déplace la térébenthine, et la divise en un grand nombre de lentilles, jusqu'à ce que la tension de surface de l'eau soit tellement réduite qu'elle ne peut plus entretenir la rotation du camphre.

La lentille d'huile, etc. n'est plus alors en contact assez intime avec la solution sursaturée pour la production de cette espèce particulière d'action qui a pour résultat la séparation du sel. Dans le cas même où, par l'agitation de toute la masse, l'huile se divise en globules qui sont submergés, les conditions restent à peu près les mêmes parce qu'un globule submergé et la solution qui s'est moulée sur lui sont séparés par une faible tension de surface. Lorsque cependant, par une secousse soudaine, les globules sont projetés contre les parois du vase assez fortement pour s'y aplatir et y former des couches, la solution se solidifie instantanément.

Des détails qui précèdent nous concluons spécialement que les conditions de la *pureté* ou de l'*impureté* chimique des corps se ramènent aux conditions d'être ou de n'être pas recouverts de couches minces superficielles. Si les corps sont liquides, pour constituer des noyaux, ils doivent êtres répandus en couches, et non concentrés en globules. S'ils sont solides, ils doivent être plus ou moins contaminés par des couches de matière étrangère à leur composition chimique.

Bien qu'en général les liquides qui forment des lentilles, au lieu de former des couches, aient une tension de surface moindre que celle des solutions, la viscosité de l'huile contribue à l'empêcher de se répandre en couche. Si une goutte d'huile de castor, par exemple, au lieu d'être déposée par l'extrémité d'une baguette de verre, est transmise à la surface de la solution de telle sorte qu'elle ne forme en aucun instant un globule indépendant, elle peut se répandre à la surface et y former la figure de cohésion ordinaire; dans ces conditions, l'huile devient instantanément un noyau, et la solution se solidifie.

Mais ce n'est pas seulement la viscosité de l'huile, c'est aussi celle des solutions qui modifie, dans leurs effets, ces étroites relations entre les tensions de surface des liquides que de savants physiciens cherchent aujourd'hui à reconnaître et à mettre au jour. La viscosité de surface diminue considérablement lorsque la solution est conservée quelques temps; les parties les plus aqueuses semblent venir à la surface, de sorte que les sections horizontales d'un tube de 10 à 13 pouces de longueur sont probablement inégalement riches en sel.

Je ne puis trop insister sur la nécessité du nettoiement préalable, aussi exact que possible, des flacons, des thermomètres, etc., quand on entreprend quelque opération sur les solutions sursaturées. Si l'on néglige cette indispensable précaution, on arrive à des résultats affectés de nombreuses anomalies, comme celles qui causèrent tant de perplexité à Ziz, à Lowël et à d'autres éminents observateurs. C'est ainsi que Ziz trouva qu'une aiguille à tricoter était active dans une solution, et devenait inactive dans une autre solution semblable, après avoir traversé le bouchon qui fermait le col du flacon ; il ne remarquait pas qu'il catharisait la tige de fer par le frottement. Lowël décrit aussi des résultats qu'il ne pouvait expliquer, par exemple ce résultat, qu'une solution se solidifiait dans un mélange réfrigérant, et revenait à l'état de solution sursaturée liquide et limpide sous l'influence de la température ordinaire de la chambre ; il n'avait pas reconnu l'importance de la pureté chimique des vases employés dans ses expériences. En conséquence, il avait recours à des théories fondées sur la différence des conditions moléculaires des solutions et des parois des flacons, n'y trouvant que des explications nuageuses et insuffisantes, tandis que pour nous tous les phénomènes deviennent parfaitement clairs, toutes les contradictions disparaissent, par cela seul que nous opérons avec des appareils chimiquement purs.

Dans cette voie, nous réduisons la plupart des phénomènes de sursaturation à des effets de noyaux ou de non-noyaux. Nous avons déjà vu que les solutions concentrées de beaucoup de sels peuvent être refroidies au-dessous du point de congélation de l'eau, et devenir ainsi visqueuses sans cristalliser. Par exemple :

14e *Expérience.* Cinq parties d'acétate de soude pour une d'eau furent bouillies, filtrées, et bouillies encore à 115°,5, dans un flacon bouché par un tampon de coton, avec un thermomètre dans la solution. Le flacon fut laissé pendant vingt heures dans une chambre froide, et ensuite immergé pendant quelques heures dans un mélange réfrigérant. La solution était depuis quelque temps à — 10°, lorsque le thermomètre fut soulevé doucement plusieurs fois sans être retiré du flacon, et chaque fois on voyait la solution visqueuse couler sur la boule comme un épais sirop. Ensuite, un fil de fer non catharisé fut introduit dans le flacon, et dès qu'il toucha la solution, tout le liquide se transforma en une masse solide amorphe; la température s'éleva à 40°, parcourant ainsi un intervalle de 50°.

Voilà donc une solution qui cristallise dans un vase d'évaporation à environ 65°, qui se solidifie à quelques degrés au-dessous de cette température, et qui cependant peut être refroidie à — 10°, ou même à une températuee plus basse, sans perdre absolument l'état liquide et sans cristalliser. A la vérité elle devient visqueuse dans ces dernières circonstances, et sous ce rapport elle subit une modification moléculaire, mais nous n'avons pu y découvrir aucune tendance à former un sel d'un caractère modifié. Si elle peut être refroidie d'au moins 75°, à partir de son point ordinaire de cristallisation, sans cristalliser, c'est tout simplement parce qu'il lui manque un noyau pour déterminer un commencement d'action cristallisante. Dans le large vase d'évaporation, au contraire, la solution bouillante se trouvant en contact avec l'air ambiant, sa surface est promptement parsemée de grains de poussière et de filaments que l'air lui-même y dépose. Si l'on observe avec attention un de ces corpuscules, on le voit augmenter de volume par l'agrégation de particules salines qui l'enveloppent, et bientôt devenir tout à coup le centre d'une radiation de cristaux disposés en éventail. En même temps, les parois du vase se mettent aussi en œuvre pour séparer les molécules salines, et d'autant plus activement qu'elles sont plus éloignées de l'état de pureté chimique.

15e *Expérience*. L'arséniate de soude nous fournit un autre exemple. Deux parties de ce sel pour trois parties d'eau furent bouillies à 106° et filtrées dans un flacon catharisé, dont un thermomètre traversait le bouchon. En se refroidissant la solution devint visqueuse, mais à 1°,6 il n'y eut aucun signe de cristallisation. Le thermomètre fut retiré un instant du flacon et remis en place. L'effet fut frappant. Le thermomètre avait saisi dans l'air quelques particules flottantes, et celles-ci agirent comme noyaux. La partie de cet instrument qui plongeait dans le liquide se couvrit de houppes de cristaux dont l'action se propagea dans la masse, et la température s'éleva à 12°,2.

Ces exemples peuvent être multipliés indéfiniment; car il ne faut pas croire que j'aie choisi des cas exceptionnels pour démontrer l'action cristallisante des impuretés de l'air. Les particules flottantes de l'air ne sont pas une chose rare, toute maison d'habitation en est pleine, comme l'atteste un rayon de soleil qui traverse une chambre obscure; elles viennent se mettre en contact avec les solutions, sur lesquelles elles agissent directement, ou elles pénètrent dans l'intérieur des vases et s'attachent à leurs parois, qui deviennent « actives. »

La ouate de coton employée pour boucher les flacons n'est pas chimiquement pure ; elle détermine la cristallisation si la solution la touche un instant, comme cela arrive quelquefois lorsqu'on incline ou qu'on agite le flacon pour observer les effets du refroidissement. Nous avons déjà vu que la cristallisation peut aussi avoir pour cause une petite tache d'impureté sur la paroi du vase. Nous ne revenons ici sur ce fait que parce qu'il nous fournit l'occasion de rappeler l'absolue nécessité de la pureté chimique de toutes les surfaces qui sont mises en contact avec les solutions, jusqu'à l'instant où doit s'opérer leur cristallisation.

Le sel employé pour faire une solution est lui-même vraisemblablement impur. Pendant qu'il se formait dans le vase d'évaporation, et dans toutes les manipulations successives auxquelles il a pu être assujetti, il a contracté diverses sortes d'impuretés, parmi lesquelles on rencontre souvent des poils, des matières grasses, etc., qui ne perdent pas toujours leur propriété noyalique par l'ébullition de la solution. On se débarrasse par la filtration de celles de ces matières qui subsistent ; mais comme elles ont contaminé le vase dans lequel le sel a été bouilli, il est convenable de filtrer la solution chaude dans un second vase catharisé, et de la bouillir de nouveau. Dans le cas des acétates, quelques gouttes d'acide acétique doivent être ajoutées dans le second flacon pour compenser la perte que causera l'ébullition. Mais dans un tel cas la température peut dépasser le point d'ébullition sans qu'aucun signe en donne l'avertissement, jusqu'à ce que le liquide se convertisse soudainement en vapeur avec une violente explosion, ou qu'il sorte simplement par le col du flacon sans aucune commotion.

16e *Expérience.* — Cinq onces d'acétate de soude furent fondues dans son eau de cristallisation, le liquide fut bouilli et mis à refroidir. On y remarqua une multitude de petits filaments et d'atomes de poussière. A 65°, 5, il commença à cristalliser, et bientôt le vase se remplit d'aiguilles cristallines. Le sel fut reporté à la température de l'ébullition; il bouillit sans aucune difficulté, avec les symptômes qui précèdent et accompagnent ordinairement l'ébullition. La solution fut de nouveau filtrée dans un flacon catharisé humecté d'acide acétique, et replacée sur la flamme de la lampe. Il atteignit 115°, 5 sans aucun signe extraordinaire, et à quelques degrés au-dessus il éclata en vapeur. Mais si la même solution est préservée de toute action de noyau, au lieu de cristalliser à 60°, 5, elle peut être amenée à une très-basse température sans cristallisation.

On a dit d'une manière absolue, mais c'est à tort, que le plus puissant noyau est un cristal du sel lui-même. Lorsque les solutions sursaturées n'ont qu'un léger couvercle qui permet à une partie de l'eau de s'échapper, une croûte cristalline se forme souvent sur la paroi du flacon. En supposant cette croûte formée de sel pleinement hydraté, nous avons ici un cas dans lequel un cristal du sel n'est pas un noyau. Cette croûte n'agit pas comme noyau, parce qu'elle est chimiquement pure; et la solution, étant sursaturée, ne le dissout pas. Une solution sursaturée de phosphate d'ammonium peut être conservée plusieurs jours en contact avec la croûte cristalline qui s'est formée au-dessus d'elle avec une action faible ou non corrosive. Ces croûtes se forment facilement dans le cas de la solution de sulfate de magnésie (2 de sel pour 1 1/2 d'eau), quand il est contenu dans des tubes catharisés, entourés d'acide sulfurique concentré, sous un récipient où l'on a fait le vide. Une croûte se formera à la surface de la solution froide dans l'espace de vingt minutes, et si on la fait tomber dans la solution elle n'agira pas comme noyau.

Les cas de cette nature conduisent à la conclusion que l'état de sursaturation est simplement un cas de non-noyau. Il n'y a rien qui détermine le commencement de l'action dont l'effet est de changer l'état; il n'y a pas de cause de changement d'état, à moins que l'abaissement de la température, comme cela arrive quelquefois, n'opère la cristallisation en rapprochant tellement les molécules que la cohésion l'emporte sur l'adhésion. Mais il arrive plus souvent que par le refroidissement il se forme des sels modifiés d'un plus bas degré d'hydratation.

On a une preuve remarquable de la différence entre l'air d'une chambre et l'air du dehors, principalement celui de la campagne, dans ce fait que les solutions salines sursaturées, qui cristallisent à l'instant même où on les découvre (dans une chambre, peuvent, sans cristalliser, rester découvertes pendant plusieurs heures dans un champ ou un jardin.

L'expérience suivante a été faite dans un petit jardin, situé derrière une maison d'habitation, dans un village peu éloigné de Londres. Si la position avait été plus champêtre, les résultats eussent été plus parfaits.

17e *Expérience.* — Une solution de deux parties de sulfate de soude pour une d'eau fut bouillie et filtrée dans plusieurs flacons de 3 et de 4 onces, dont le goulot, ou l'ouverture du col, avait juste un diamètre de trois quarts de pouce (1.9, centimètre). Les solutions filtrées furent rebouillies, et les cols simplement fermés par des verres de montre. Un flacon était ensuite placé sur un support au milieu d'une allée sablée, et le verre de montre était enlevé.

18e *Expérience.* 1871, 17 Mars. — Exposition, dans les conditions ci-dessus, d'un flacon qui contenait une solution froide, à 2 heures 30 minutes après-midi; température 13°, 3; quelques nuages alternant avec le soleil. A 2 h. 50 m., 15°, 5. A 4 h. 30 m., 10°, la solution fut trouvée solide, portant à sa surface une tache de suie qui avait dû agir comme noyau.

A 5 h. 30 m., exposition d'un flacon; température, 6°, 1, avec un vent très-faible. A 7 h. 30 m., température, 6°, 1, grand dépôt de sel à 7 atomes. A 9 h., température, 4°, 4, dépôt plus considérable. A 11 h., solution totalement solide, en cristaux à 7 atomes d'un blanc crayeux.

19e *Expérience.* 18 Mars. — Exposition d'un flacon à 2 h. 15 m. sous un beau ciel. A 4 h., 12°, 8, belle récolte de cristaux du sel ordinaire à dix atomes, provenant évidemment de l'évaporation, qui s'effectuait si rapidement qu'une partie des cristaux au-dessous de l'ouverture du flacon se réduisait à l'état de poussière blanche par formation de sel anhydre. La cristallisation s'opéra comme dans le cas d'une solution simplement *saturée*, qu'on fait cristalliser par évaporation, seulement plus vite, en raison de la grande quantité de sel contenue dans les solutions sursaturées.

20e *Expérience.* — Le même flacon fut rebouilli et mis à refroidir pendant une heure. Il fut ensuite exposé comme précédemment. A 5 h. 15 m., température, 12°, 7; sous un ciel nuageux. A 6 h., température. 5°, 5. A 6 h. 35 m., 7°, 2. A 7 h. 15 m., production d'hydrate à sept atomes, avec des courants de chaleur ascendants. A 9 h., le temps étant toujours nuageux, température, 7°, 2; formation plus abondante de cristaux du même sel. A 9 h. 45 m., solidification complète.

21e *Expérience.* 19 Mars. — Le même flacon fut encore rebouilli, après l'addition d'une petite quantité d'eau pour réparer la perte causée par l'évaporation. Après le refroidissement, exposition à 5 h. du soir. A 6 h. 30 m., il fut rentré dans la chambre et cristallisa en deux ou trois minutes.

22e *Expérience.* — Rebouilli de nouveau, le flacon fut mis à refroidir sans couvercle, dans le jardin, à 6 h. 35 m. A 8 h. 45 m., brouillard, température, 6°, 1; agité la solution, qui fut trouvée visqueuse, mais non cristallisée. A 9 h. 30 m., grand dèpôt d'humidité; pas la moindre cristallisation. 20 Mars. — A 7 h. du matin, dépôt considérable de sel hydraté à sept atomes, en beaux cristaux. Le flacon et son support couverts de rosée. Le flacon étant reporté dans la chambre, cristallisation complète de la solution dans l'espace de quelques minutes, le sel à sept atomes devenant opaque.

23e *Expérience.* — Trois flacons furent exposés dans le jardin. Un d'eux cristallisa par l'action d'une tache à sa surface. Un second déposa pendant une journée une certaine quantité de cristaux à sept atomes, et ensuite donna par évaporation de magnifiques cristaux de sel à dix atomes à sommets diédriques. Ces cristaux, quelque beaux qu'ils fussent, se formaient rapidement, comme s'ils avaient subi l'action de puissants noyaux. Ici se montrait évidemment un phénomène de la nature de ceux qu'on observe souvent dans la cristallisation soudaine des solutions sursaturées, consistant en ce que la chaleur dégagée dans le passage de l'état liquide à l'état solide volatilise une partie de l'eau de la solution ; la vapeur s'élève à mesure qu'elle se forme, et avant d'arriver au col elle se condense sur les parois du flacon ; mais une partie annulaire de ces parois, celle qui surmonte immédiatement la solution solidifiée, est trop chaude pour condenser la vapeur, de sorte que le flacon présente cette curieuse disposition, d'une première couche de sel, d'un blanc de craie, au fond du vase, recouverte par une couche de cristaux, ou par un dépôt qui a des nuances d'opale ; ensuite vient, à la surface du flacon, une zone de verre transparent et limpide, tandis qu'au-dessus la transparence est troublée par un voile épais de vapeur condensée.

Le troisième flacon de l'expérience cristallisa par évaporation, dans l'espace de quelques heures.

24e *Expérience.* — 24 et 25 avril. Un flacon, exposé toute la nuit, fut trouvé le lendemain matin couvert de rosée, dont une partie coulait dans la solution, sans agir comme noyau.

25e *Expérience.* — Deux flacons ayant été exposés, une pluie survint au bout de quatre heures, et les deux solutions cristallisèrent. Chauffées et filtrées, on trouvait sur le filtre en chaque cas une petite tache noire qui agit comme noyau.

26e *Expérience.* — Deux flacons qui avaient été laissés pendant quelque temps sur le bord d'une fenêtre, contenant chacun un dépôt de sel à sept atomes, furent exposés découverts dans le jardin sous une grande pluie d'orage avec éclats de tonnerre. De larges gouttes de pluie entrèrent dans les flacons, où elles faisaient rejaillir les solutions, et cependant il n'y eut aucune action de noyau. Après qu'ils eurent été ainsi exposés pendant six heures, on les rentra dans une chambre, où les solutions se solidifièrent immédiatement.

27e *Expérience.* — Lorsque l'orage se fut dissipé, le soleil se remontrant dans tout son éclat, des feuilles tendres de groseillers et de framboisiers, coupées en petits morceaux, furent introduites dans les flacons, et malgré les violentes secousses qu'on leur imprima, on ne remarqua aucune action de noyaux. La surface supérieure des feuilles avait été lavée par la pluie, mais la surface inférieure était sèche. Les ciseaux dont on s'était servi avaient été lavés dans de l'esprit de vin, et par surcroît de précaution on leur avait fait faire plusieurs coupures dans les feuilles avant d'en venir à celles dont les morceaux devaient tomber dans les flacons.

Quelques-unes de ces expériences furent répétées avec l'emploi de vases ouverts en forme de tasses, et donnèrent les mêmes résultats. Il arriva une fois que lorsqu'on retirait le couvercle de l'un de ces vases, qui avait séjourné quelque temps dans le jardin, un insecte de l'espèce des coléoptères, qui s'était abrité sous le rebord du couvercle, tomba dans la solution; à l'instant même, son corps devint le centre d'une radiation de cristaux, et la solution se solidifia.

Les conclusions qui découlent de toutes ces expériences en plein air nous semblent être les suivantes :

1° Une solution sursaturée de sulfate de soude peut être exposée en plein air, dans la campagne, sous un ciel pluvieux ou chargé de nuages, pendant une durée de douze à vingt heures, sans aucune formation de cristaux du sel ordinaire à dix atomes.

2° Si la température tombe à 4°,4 ou au-dessous, le sel modifié à sept atomes se forme au fond du flacon, exactement comme dans les vases fermés.

3° Dans les cas où la solution exposée cristallise tout à coup en masse compacte d'aiguilles, on doit s'attendre à trouver un noyau sous la forme d'un insecte, d'une tache de suie, de poussier de charbon, etc.

4° Lorsqu'une pluie survient pendant l'exposition, la solution cristallise généralement sous l'action des noyaux de l'air que les gouttes d'eau entraînent avec elles. Mais si le vase est exposé pendant la chute d'une grande pluie, qui a déjà nettoyé l'atmosphère, les gouttes d'eau qui tombent dans la solution n'y exercent aucune action de noyaux.

5° Les feuilles tendres des arbrisseaux tels que les groseillers et les framboisiers sont également dépourvues de l'action noyalique.

6° Sous un ciel sans nuages, dans un air sec et chaud, où l'évaporation est rapide, les solutions donnent par évaporation de beaux cristaux de sel à dix atomes, exactement comme en donnerait une solution simplement saturée dans un vase d'évaporation.

7° Si une solution qui a été exposée quelque temps en plein air est transportée dans une maison d'habitation, elle cristallise immédiatement sous l'action de noyaux aériens.

Des solutions sursaturées de sulfates de magnésie et d'alun furent soumises aux mêmes épreuves, et les résultats sont en harmonie avec les conclusions précédentes.

28e *Expérience.* — 20 mars 1871. Une solution composée de quatre parties de sulfate de magnésie et 2 1/2 parties d'eau, fut bouillie et filtrée dans trois petits flacons. Exposés à 7 h. 10 m. du soir, deux dans le jardin et le troisième sur le bord d'une fenêtre, en contact avec le carreau de vitre. A 8 h. 10 m. température 4°,4, point de changement. A 9 h. 15 m. température 4°,4, sous une rosée abondante, une des deux premières solutions solidifiée, l'autre intacte. A 10 h. température 3°,8, sous un brouillard humide, rien de nouveau. A 10 h. température 3°,8, brouillard humide, les flacons ayant été rentrés, et celui de la fenêtre découvert, tout fut solidifié en moins d'une demi-heure. Deux des solutions furent rebouillies et réunies dans un même flacon, qui se trouva complétement rempli. Exposition de ce flacon dans le jardin à 4 h. du soir, température 12°,7 ; à 6 h. température 6°,2 ; à 8 h. température 4°; à 10 h. 30 m. température 2°, avec un beau ciel.

Le 22 mars, à 8 h. du matin, température — 5°, point de changement. A 10 h. le contenu du flacon fut trouvé à l'état solide, avec une tache de suie à sa surface.

29e *Expérience.* — Une solution de trois parties d'alun de potasse pour deux d'eau, bouillie et filtrée dans trois flacons. Après le refroidissement, exposition d'un de ces flacons dans le jardin, où l'on enleva son couverele, à 5 h 30 m. température 7°,7 ; à 6 h. température 6°,2, le ciel très-clair; à 6 h. 35 m. point de changement, température 4°,4. A cette époque, les deux solutions restées dans la chambre ayant été découvertes, leur cristallisation fut immédiate. A 8 h. température 4°, celle du jardin cristallisa, vraisemblablement par évaporation.

VI. **Sur le sel modifié.** — Le sel éminemment remarquable qui déjà nous a tant occupé, le sulfate de soude ($Na^2, SO^4 + 10 H^2O$), se recommande encore par de nouveaux titres à notre attention. Lorsqu'une solution sursaturée de ce sel, renfermée dans un vase clos catharisé, est mise à refroidir jusqu'à 4°,5 et au-dessous, elle dépose un sel modifié, d'un degré inférieur d'hydratation, contenant huit équivalents d'eau suivant Ziz et Faraday, et seulement sept suivant Löwel. Ce nouveau sel n'a pas la même forme cristalline que le sel ordinaire; il se compose de prismes à sommets obliques, ou taillés en équerre. Si l'on fait cristalliser par l'action d'un noyau la partie restée liquide de la solution, les lignes cristallines, en descendant sur le sel modifié, semblent le pénétrer dans toute son épaisseur, et leur effet est de le rendre opaque en lui conférant un supplément de trois équivalents d'eau. Ou bien, si l'on décante la solution, et qu'ensuite le sel modifié soit touché par une pointe, ou simplement exposé à l'air d'une chambre, il devient pareillement opaque et se convertit en sel normal.

Les solutions sursaturées de quelques autres sels déposent aussi des sels modifiés, par leur refroidissement à des températures diverses. Il nous sera utile d'examiner comment se comporte un de ces derniers sels avant de considérer le sel modifié de sulfate de soude.

1re *Expérience.* — De l'eau bouillante fut saturée de sulfate de zinc ($Zn, SO^4 + 7 H^2O$), et laissée bouillir pendant l'opération. La solution chaude fut filtrée dans un autre flacon, et lorsqu'elle était encore sur le filtre une pellicule se forma à sa surface. La même solution fut rebouillie, et le vase, bouché par un tampon de coton, fut mis à refroidir; elle devint trouble à la température de 21°, et bientôt une poudre se précipita en quantité considérable, formée probablement du sel monohydraté. La température continuant à décroître, le dépôt pulvérulent se couvrit de longs cristaux striés, dont la masse grossissait et s'élevait graduellement vers la surface. L'examen de ces cristaux, relativement à leur hydratation, fit reconnaître qu'ils contenaient trois équivalents d'eau. Mais le degré d'hydratation varie suivant la force de la solution, et la température de refroidissement. On peut même obtenir un sel modifié à 7 atomes d'eau d'une plus grande solubilité que le sel normal, tandis que la partie restée liquide de la solution est encore sursaturée.

Cette expérience est très-instructive en ce qu'elle jette un jour nouveau sur la formation du sel modifié de sulfate de soude. Il a été précédemment démontré, dans la troisième section, que le sel ordinaire de sulfate de soude tenu en solution dans l'eau y est à l'état anhydre, et que la solution sursaturée, refroidie à des températures qui varient selon sa force, donne naissance à des cristaux octaèdriques de sel anhydre. Ces cristaux s'accumulent en grande quantité au fond du vase, où ils dégagent des courants de chaleur, et ils se dissolvent en partie de manière à former inférieurement une couche dense de laquelle sort le sel modifié, et dont les cristaux octaèdriques non dissous s'approprient l'eau additionnelle et les molécules salines ; il arrive ainsi que la quantité d'eau est insuffisante pour former un sel qui ait plus de sept atomes. Si cependant un tube de 25 à 30 centimètres de longueur et de 1c,5 de diamètre est rempli d'une forte solution bouillante de sulfate de soude, et qu'après l'avoir fermé on passe dans le bouchon l'extrémité d'un fil de métal blanc sans action chimique sur le sel, muni de trois disques du même métal dont le premier descende jusqu'au fond du tube, le second jusqu'au milieu, tandis que le troisième s'arrête près du sommet, ces disques ayant des positions horizontales, on peut obtenir des sels modifiés à trois degrés d'hydratation. La solution, refroidie à 4°,5 et de cette température à 0°, précipite des cristaux octaèdriques du sel anhydre, qui sont saisis par les disques. Ensuite s'effectuent les changements décrits ci-dessus pour les sels qui se déposent au fond d'un flacon ; mais au milieu et au sommet du tube, le sel est entouré d'une menstrue beaucoup plus riche en eau, de sorte que le résultat est un sel à sept atomes dans le fond, à huit atomes dans le milieu et à neuf atomes près du sommet.

Il n'est pas facile de faire sortir ces cristaux, de les sécher, de les peser sans qu'ils deviennent opaques, et sans qu'ils s'échauffent par la fixation de l'eau adhérente à leur surface, ce qui change leur constitution. Si toutefois ils se sont formés à une température voisine de 0°, ils sont très-beaux, et leur grand volume permet d'obtenir une quantité suffisante de sel transparent avant que la constitution soit altérée.

Le sel modifié, dans l'état où on l'exhibe ordinairement, est au fond d'un flacon rempli de la solution, et il se compose de plaques qui comprennent entre elles une partie du liquide. Lorsque, en chauffant le col du flacon, on peut décanter la solution sans la faire cristalliser, rien n'empêche de laisser le sel modifié adhérent au fond du vase. Mais, quelle que soit la durée de l'opération, l'écoulement du liquide n'est jamais parfait, le sel modifié en retient toujours mécaniquement une certaine quantité ; si l'on touche la masse cristalline avec une pointe sa contexture est rompue, de l'eau s'y incorpore, la transformation commence et se propage. Si les cristaux, dans le bocal, sont exposés à l'air d'une chambre, la solution qu'ils retiennent mécaniquement cristallise sous une influence de noyaux, et l'action se communique au sel modifié. Ou bien encore, si la masse cristalline est retirée de la solution et exposée à l'air extérieur, l'évaporation est souvent tellement rapide qu'elle produit l'effet d'un noyau.

Mais lorsqu'on fait usage du tube garni de disques ou de petites plates-formes, les cristaux qui se sont formés autour de ces disques y ont trouvé des points d'attache, et restent ainsi suspendus à différentes hauteurs dans la solution; leur position verticale équivaut à une sorte de drainage qui maintient leur surface libre de toute adhérence mécanique d'un excès de solution, et ils sont beaucoup plus beaux et plus parfaits que ceux qui se forment au fond du vase. Mais l'action est singulièrement favorisée et ses effets sont rendus plus frappants par une modification qui consiste à employer des disques percés de petits trous comme des filtres. La solution se condense au-dessus du disque et dans les canaux où elle s'infiltre, elle cristallise au-dessous, et les formations particulières qui en résultent composent, par leur réunion, un édifice cristallin comparable à la plus belle stalactite. Voici maintenant quelques analyses de cristaux pris à différentes hauteurs.

2e *Expérience.* — Un cristal pris sur le disque supérieur pesait 40 grains ; après une exposition de plusieurs heures à un air chaud dans un creuset, il ne pesait plus que 18 1/2 grains. En conséquence, il avait un peu plus que neuf équivalents d'eau.

3e *Expérience.* — Un groupe de cristaux pris quelque peu au-dessous du milieu du tube, pesait 32 grains et 16 grains après sa fusion. Ce résultat suppose 8 atomes d'eau.

4e *Expérience.* — Un cristal bien formé, pris à 3,7 centimètres au-dessus du fond du vase, pesait 35 1/2 grains; après sa fusion, 17 grains. Cela donne 8,5 équivalents d'eau.

5e *Expérience.* — Des cristaux fournis par le disque du milieu, pesant 20 grains, furent réduits par la fusion à 10 grains. Donc, 8 équivalents d'eau.

Il est probable que si les cristaux qui se forment à différentes températures et à différentes hauteurs dans une solution sursaturée de sel de Glauber pouvaient être complétement débarrassés de la solution adhérente sans aucune altération, on y reconnaîtrait l'existence d'un grand nombre d'hydrates. Les analyses précédentes ne démontrent pas absolument cette induction ; mais il est certain que les cristaux les mieux formés sont sujets à des altérations très-rapides dans l'air de la chambre, et plus encore au dehors. Quelquefois j'ai pris de petits cristaux sur le disque du sommet, et avant que j'eusse le temps de les essuyer pour enlever la couche humide, ils étaient devenus chauds et opaques par la fixation de l'eau, comme dans l'exemple suivant.

6e *Expérience.* — Deux cristaux qui étaient devenus chauds et opaques pendant que je les essuyais pesèrent 41 grains avant la fusion, et seulement 16 après. Cela donne 10 équivalents d'eau ; le sel modifié s'était donc converti en sel normal.

Löwel a essayé l'effet des basses températures sur les solutions sursaturées du sel de Glauber dans des tubes scellés. Il a trouvé que sous l'influence d'une température de — 8°,4 à — 10°, la solution se congèle souvent et fait éclater le tube. Dans un cas où le tube résista, la solution, après son dégel, n'était plus à l'état de sursaturation. Dans un autre cas où la solution s'était pareillement congelée et dégelée, l'état de sursaturation se reproduisit. Löwel ne put ni obtenir une seconde fois ce dernier résultat, ni expliquer le premier ; il lui était, en effet, difficile de comprendre comment le dégel donnait un sel à 10 atomes ; ne connaissant pas l'importance de l'état de pureté ou d'impureté chimique des vases employés dans ses expériences, il était sans cesse arrêté par des anomalies dont il cherchait l'explication dans une action catalytique qu'il attribuait aux parois de ces vases.

Quoi qu'il en soit, il est facile de réduire ces solutions à de basses températures, et d'obtenir alors, non-seulement l'hydrate bien connu à 7 atomes, mais encore un autre hydrate contenant probablement moins d'eau, et différant en solubilité de l'hydrate à 7 atomes, aussi bien que du sel ordinaire à 10 atomes.

Parmi les nombreux écrivains qui ont traité les questions de sursaturation, il paraîtrait qu'un seul a remarqué la formation du second hydrate modifié de sulfate de soude : c'est M. Violette, qui, dans un *Mémoire sur la sursaturation*, publié dans les *Annales scientifiques de l'Ecole normale supérieure*, tome troisième, 1866, page 223, signale l'apparition d'un nouvel hydrate *qui cristallise difficilement en forme de chou-fleur*. Mais il n'entre dans aucun détail. M. Tomlinson a obtenu ce second hydrate en soumettant des solutions sursaturées de sel de Glauber à l'action de mélanges réfrigérants de neige et de sel marin ; les résultats sont très-curieux.

7e *Expérience.*— Une solution d'une partie de sel de Glauber dans une d'eau bouillie et filtrée fut mise dans un flacon de deux onces catharisé, où elle fut rebouillie. Un thermomètre traversait le col, et le sommet de sa tige était enveloppé par une mèche de lampe formant une sorte de tampon qui servait à boucher le flacon aussitôt qu'on le retirait de la source de chaleur.

Le lendemain, le flacon fut plongé dans un mélange réfrigérant à environ — 9°,5. La solution descendit lentement à — 7°,2, et cette température détermina la formation d'un dépôt de nombreux cristaux d'un blanc opaque particulier, ne ressemblant nullement aux octaèdres transparents qui se précipitent lorsque les mêmes solutions sont refroidies seulement à 4°.4, mais très-semblables aux cristaux octaédriques qui se forment pendant le refroidissement d'une forte solution de sel ammoniac. On y remarquait des houppes d'octaèdres réguliers, et des formes cristallines en feuilles de fougère. Pendant leur formation le thermomètre s'éleva à —3°,3. Le flacon fut ensuite transporté dans de l'eau à 8°,8, où les cristaux blancs opaques se convertirent en une masse amorphe d'un aspect laineux. Lorsque la solution se fut élevée à 4°,4, les octaèdres transparents ordinaires des sels anhydres se déposèrent. Le jour suivant, le flacon fut ouvert, la cristallisation du sel ordinaire commença à partir de la surface, et la température s'éleva de 6°,6 à 18°,3.

Un nouvel hydrate s'ajoute ainsi à ceux que l'on connaissait déjà comme appartenant à ce remarquable sel. Il contient, sans doute, moins d'eau que l'hydrate à 7 atomes. Mais aucune méthode ne fournit le moyen de reconnaître son degré d'hydratation, puisqu'il n'existe qu'à une basse température et protégé contre toute action de noyau. Sous ce rapport, il ressemble aux divers hydrates décrits dans la quatrième partie.

8e *Expérience.* — L'expérience précédente fut répétée sur une solution d'une force double, c'est-à-dire composée de deux parties de sel de Glauber et d'une d'eau. Après les deux ébullitions successives et le refroidissement, lorsque la température fut descendue à 5°,5, le flacon fut introduit dans un mélange réfrigérant. A 3°,3, quelques octaèdres transparents se déposèrent, et des courants de chaleur retardèrent en conséquence le refroidissement. En quatorze minutes l'abaissement de température atteignit — 3°,3, et les cristaux transparents devinrent blancs opaques. Après être resté stationnaire pendant quelques minutes à — 3°,3, le thermomètre reprit sa marche descendante; mais par l'agitation du flacon il se forma de nouveaux cristaux blancs opaques, et la température regagna — 3°,3, la solution étant parfaitement limpide, et toujours sursaturée. Au bout de quelques minutes, la cristallisation s'établit à partir de la surface, et bientôt la solution fut convertie en une masse solide, la température s'élevant de — 3°,3 à 11°,6.

Ces cristaux opaques ressemblent, dans leur texture, au blanc de plomb nouvellement cristallisé, et ils peuvent se former à toute température inférieure à —3°,3; leur formation fait remonter le thermomètre à — 3°,3, et cette remarque s'applique aux solutions formées de 1, de 2 ou de 3 parties de sel avec 1 d'eau. Ce sel opaque est quelquefois amorphe, et, dans ce cas, il couvre la surface du flacon comme un lait de chaux épais. Cet effet se produit quand le flacon est agité assez fortement dans le mélange frigorifique.

9e *Expérience.* — La même solution (2 de sel pour 1 d'eau), dans le même flacon, fut rebouillie sans aucune addition d'eau, devenant ainsi réellement plus forte que ne l'indique son titre. A 4°,4, il y eut un précipité de cristaux anhydres. Le refroidissement fut ensuite ralenti, de telle sorte que, dans une demi-heure, la température descendit seulement à 2°,7. Il y eut, à cette température, une augmentation considérable de cristaux anhydres, qui couvrirent totalement le fond du vase, et s'élevèrent un peu sur les côtés. Le flacon fut ensuite transporté dans un mélange réfrigérant à —12°; quand il fut à 0°,5, le sel anhydre devint opaque, sans doute par la fixation d'une partie de l'eau moindre que celle qui était nécessaire pour la formation du sel à sept atomes. A — 4°,4 apparurent des houppes, et des cristaux en feuilles de fougère. A — 5°,5, il y eut un précipité subit et abondant de cet hydrate blanc opaque; le thermomètre monta d'abord à —3°,3, puis tout à coup à + 12°, et toute la masse devint solide.

On suppose communément que l'élévation de température résultant de la solidification d'une solution sursaturée dépend de sa masse : que, lorsque la masse est considérable, l'élévation de température l'est aussi, et que, dans le cas où elle est légère, l'échauffement est peu sensible. Cette opinion ne semble pas fondée sur des observations exactes. Une masse relativement très-faible de 15 grammes d'une solution de 1 partie de sel avec 1 d'eau peut s'élever de —6°6 à 13°3, lorsqu'elle prend soudainement l'état solide. Le résultat n'est pas très-différent si la solution est formée de 2 ou 3 parties de sel pour 1 d'eau.

10ᵉ *Expérience.* — Une solution de 3 parties de sel avec 1 d'eau fut bouillie, et ensuite filtrée dans deux éprouvettes et dans un flacon de deux onces. Une des éprouvettes étant placée dans un mélange réfrigérant, la solution descendit à 1°,6, puis elle se solidifia, et le thermomètre remonta à 25°,5. Dans l'autre éprouvette, des cristaux anhydres se déposèrent en si grande quantité, qu'il fut impossible de lire les indications du thermomètre. Dans le flacon, il y eut formation de cristaux anhydres à 6°,6; la température descendit ensuite lentement jusqu'à 4°,4, où elle demeura stationnaire pendant plus de dix minutes, par suite du dégagement des courants de chaleur, s'élevant parfois à 5°. Les cristaux transparents s'accumulèrent en quantité considérable autour de la boule du thermomètre; la température, néanmoins, descendit à 3°,3, avec de légers mouvements oscillatoires; elle descendit encore lentement, et à 0°,5 elle détermina la formation d'un surcroît notable de cristaux transparents. A 0°, le flacon fut transporté dans un nouveau mélange réfrigérant à —12°,2, et la solution descendit à —5°,5, après quoi le vase qui la contenait fut encore transporté dans un nouveau mélange, à la même température d'environ —12° que le précédent. Bientôt les parois du flacon furent tapissées de cristaux en feuilles de fougère, qui semblaient partir du sommet de la masse qui s'était déjà déposée, et qui rendaient opaque la partie supérieure de cette masse, au-dessus d'une ligne bien marquée. La température s'éleva à — 3°,3, et continua à monter pendant quelques minutes, puis la solution cristallisa, et le thermomètre atteignit 8°8.

Des solutions sursaturées d'alun de potasse, soumises à l'influence de basses températures, se sont comportées à très-peu près de la même manière que les solutions de sels doubles considérées précédemment.

11e *Expérience.* — De l'alun de potasse, à la dose de 20 grammes dans 42 grammes d'eau, bouilli et filtré dans des tubes catharisés, refroidi et placé dans un mélange réfrigérant, à — 17°, déploie en cristallisant ces beaux festons de feuilles de lierre, d'une brillante couleur blanche, que nous avons déjà mentionnés. Ils se développent du fond du vase vers la surface de la solution, quelquefois en partant du fond et de la surface en sens opposé, et la solution tout entière ne forme bientôt qu'une masse solide. Si l'un des tubes est introduit dans de l'eau à 0°, la masse solidifiée fond rapidement, et revient à l'état de solution sursaturée transparente et limpide.

VII. — **Les sels anhydres forment-ils des solutions sursaturées ?** — Les sels examinés jusqu'ici dans ces mémoires, comme présentant les phénomènes de sursaturation, étaient hydratés, et c'est effectivement dans les sels hydratés, principalement dans les plus riches en eau de cristallisation, que les phénomènes se manifestent au plus haut degré. Les sels anhydres les produisent-ils au moins à quelque degré, c'est une question encore à l'état de controverse ; pendant que certains observateurs prétendent avoir des résultats démontrant la sursaturation de quelques sels anhydres ; d'autres persistent à soutenir l'opinion contraire. M. Tomlinson n'a pu encore trouver, dans toute l'étendue de ses recherches, un cas de sursaturation de sel anhydre (1). Voici, à cet égard, quelques exemples.

12ᵉ *Expérience*. — Une solution composée de 60 grammes de nitrate de potasse cristallisé avec 60 grammes, d'eau, et par conséquent de 100 parties du sel pour 100 parties d'eau, fut bouillie et filtrée dans un flacon soigneusement nettoyé par un lavage à l'acide nitrique. Dans ce flacon la solution fut rebouillie, après quoi le col fut bouché par un tampon de coton, qui laissait passer la tige d'un thermomètre. Lorsque la température de la solution se fut abaissée à 48°,8, des cristaux commencèrent à se former dans le fond du flacon. Ces cristaux se composaient de petits prismes qui se réduisaient graduellement dans leurs dimensions à mesure qu'ils s'élevaient, par leur accumulation, dans la partie plus faible et plus chaude de la solution.

Maintenant, suivant la table de Gay-Lussac, 100 parties d'eau à 55° contiennent 97,05 de nitrate de potasse. La solution ci-dessus en contenait 100 parties. Si l'on

(1) On n'a pas essayé le chlorure de sodium, parce qu'on croyait sa solubilité à peu près la même à une haute et à une basse température. M. le docteur L. C. de Coppet a prouvé dernièrement que c'était une erreur, et que le chlorure de sodium forme réellement des solutions sursaturées.

suppose qu'en raison de l'absence de tout noyau la solution était sursaturée entre les températures de 55° et 47°,7, elle ne pouvait plus l'être, parce que la force de cohésion des particules salines l'emportait sur la force d'adhésion du dissolvant; elle commence par déposer des cristaux, et ensuite l'action marche rapidement; la température s'élève de quelques degrés, puis elle s'abaisse jusqu'à ce qu'elle soit au niveau de celle de l'air, de 10° par exemple, et la solution retient environ 22 pour 100 du sel.

Mais y a-t-il réellement quelque raison d'admettre ou de présumer la sursaturation de la solution ? C'est dans la partie la plus froide du flacon que la cristallisation commence. La partie la plus froide est le fond, et dans le fond la partie la plus voisine d'une fenêtre ouverte, si le flacon est suspendu dans l'air ; la cristallisation, dans ce dernier cas, commencera donc du côté de la fenêtre. Si le flacon est posé sur une plaque métallique ou sur tout autre bon conducteur de la chaleur, un anneau de cristaux se formera dans le fond, et le thermomètre pourra marquer une température supérieure de plusieurs degrés à celle de la partie du fond où la cristallisation s'effectue. Si le flacon est posé sur un bloc de bois sec, ou sur quelque autre mauvais conducteur de la chaleur, les cristaux se forment plus lentement. Une solution contenant 125 parties de nitrate de potasse pour 100 parties d'eau doit, suivant la table, commencer à déposer des cristaux à 75°,5. Un flacon qui contenait une telle solution à la température de l'ébullition fut posé sur un bloc de bois ; à 65° environ, des courants de chaleur se dégagèrent tout à coup du fond du vase et montèrent vers la surface de la solution, annonçant que la cristallisation s'établissait. Le flacon ayant été plongé dans de l'eau froide, les parois se revêtirent d'une couche de cristaux, lorsque le reste de la solution était encore très-chaud.

D'après la grande solubilité du nitrate de potasse, on pouvait s'attendre à le voir former des solutions sursaturées ; mais il se comporte comme généralement les sels anhydres ; sa solution se refroidit jusqu'à ce qu'elle soit exactement saturée, et alors elle commence à déposer des cristaux du sel normal, sans aucune modification.

Le bichromate de potasse est cité, sur l'autorité de Ogden et autres, comme un exemple de sel anhydre qui produit des solutions sursaturées. Suivant la table de Kræmer, 200 parties d'eau à 60° dissolvent 100 parties du sel. Une telle solution, en se refroidissant à partir de 100°, doit déposer du sel à 60°, à moins qu'elle ne devienne sursaturée.

13e *Expérience.*—30 grammes de ce sel nouvellement cristallisé et sec furent bouillis dans 60 grammes d'eau, filtrés dans un flacon catharisé et rebouillis ; le vase fut ensuite bouché et mis à refroidir. A 58°,8, des cristaux floconneux se déposèrent en abondance, donnant naissance à des courants de chaleur ascendants, et la température resta stationnaire pendant une minute. Le dépôt était visiblement plus volumineux du côté de la fenêtre que du côté opposé.

14e *Expérience.* — Suivant la table de Karsten, 100 parties d'eau à 18°,75 dissolvent 37,02 parties de sel ammoniac, ou, ce qui est la même chose, 30 grammes d'eau dissolvent 11,4 grammes du même sel. Une telle solution, en se refroidissant à partir de 100°, donne des cristaux à environ 18°, et au-dessous de cette température le sel se sépara en abondance.

15e *Expérience.* — Suivant la table de Poggiale, 100 parties d'eau à 70° peuvent dissoudre 129,6 parties de nitrate de soude. Dans la solution bouillie et refroidie, le sel commence à se séparer à 71°,1.

Le chlorate de potasse, le ferrocyanure de potassium, le nitrate de baryte, et le nitrate de plomb donnent des résultats semblables.

Une solution de nitrate d'ammoniaque sembla donner quelques signes de sursaturation ; mais l'observation est sujette à erreur, parce que, à de hautes températures, l'ammoniaque se sépare en se volatilisant. Suivant Karsten, 100 parties d'eau à 18° dissolvent 195,54 parties du sel. Or :

16e *Expérience.* — Une solution de nitrate d'ammoniaque (2 parties de sel avec 1 d'eau) fut filtrée dans un flacon nettoyé et aspergé de quelques gouttes d'ammoniaque liquide. Cette solution s'était maintenue pendant une heure environ à la température de 4°,4, lorsque tout à coup elle cristallisa. Il faut reconnaître, sans doute, relativement à la solubilité de ce sel anhydre, de grands désaccords entre les observateurs les plus autorisés; mais si, dans le cas actuel, l'observation est exacte, le sel se comporte comme quelques-uns de ceux qui cristallisent avec seulement une petite proportion d'eau de cristallisation. Le chlorure de barium peut être cité comme exemple. Suivant la table de Brande, 100 parties de ce chlorure, à 37°,5, dissolvent 51 parties de ce sel. La solution, par son refroidissement après l'ébullition, ne donna aucun précipité audessus de 37°,7 ; ce ne fut qu'à 18°,8 que le sel se sépara d'une manière très-sensible, le dépôt fut même très-abondant.

VIII. **Relation entre la tension de surface des liquides et la sursaturation des solutions salines.** — Nous avons établi dans la Section V que quand une goutte de liquide est déposée sur la surface d'une solution saline sursaturée, il se produit l'une des trois choses suivantes : — 1° la goutte se mélange avec la solution sans aucune action nucléaire ; — 2° elle s'étend en forme de pellicule, avec une puissante action nucléaire; — 3° ou encore elle prend la forme d'une lentille, sans aucune séparation de sel. Nous avons constaté de plus que quand un liquide forme une pellicule ou une lentille, cela se produit conformément à la proposition générale que si une goutte de liquide B, avec la tension de surface b, est placée sur la surface d'un autre liquide A, de tension de surface a, la goutte s'étendra en pellicule quand $a > b + c$

(c étant la tension de la surface commune des liquides A et B); mais si, au contraire, $a =$ ou $< b + c$, la goutte restera sous forme de lentille. De là, si B s'étend sur A, A ne s'étendra pas à la surface de B. Quand les liquides A et B se mélangent en toute proportion, c n'a pas de valeur. L'extension de la goutte peut aussi être modifiée par la viscosité superficielle de la solution, ou par la difficulté plus ou moins grande de déplacement des molécules superficielles.

Nous avons également établi que si l'on recouvre d'un enduit gras la surface intérieure bien nettoyée d'une éprouvette, au-dessus de la solution, et que si l'on incline l'éprouvette de façon à mettre une partie de la solution en contact avec cet enduit gras, le liquide fait de deux choses l'une : — 1° ou il se partage en globules bien déterminés, qui glissent sur la substance grasse, sans perte de tension, cas dans lequel l'enduit n'a pas d'action de noyau ; — 2° ou bien, aussitôt que la solution atteint la matière grasse, sa surface s'aplatit et se déchire, cas dans lequel l'enduit agit comme noyau et le sel se sépare.

Une baguette de verre plongée et retirée à la main se couvre de graisse ou d'une pellicule, ou bien la même baguette, exposée au contact de l'air, se couvre soit d'une pellicule par la condensation de vapeur flottante, soit d'un dépôt de poussière formant pellicule, et se trouve ainsi dans la condition d'une action nucléaire.

On a de plus établi que quand une lentille d'huile repose à la surface d'une solution, on peut imprimer à l'éprouvette un mouvement de rotation rapide ou de vive secousse, de façon à briser la lentille d'huile en une multitude de tout petits globules, donnant à la solution l'apparence d'une émulsion; mais que, si on la laisse reposer, la solution recouvre beaucoup de sa transparence, sans aucune séparation de sel. Tandis que si, alors que l'éprouvette subit un mouvement de rotation, on lui imprime subitement une secousse, de façon à aplatir quelques-uns des globules contre la paroi, la solution devient instantanément solide.

L'action puissante des pellicules pour mettre fin à l'état de sursaturation se trouvant ainsi établie, l'idée est venue à M. G. Van der Mensbrugghe, qui a déjà réussi à expliquer nombre de phénomènes obscurs relatifs au principe de tension superficielle (1),— que cette force, convenablement maniée, suffirait à donner l'explication de la plupart, sinon de tous les divers phénomènes de sursaturation.

A l'appui de cette opinion, M. Tomlinson a exécuté un grand nombre d'expériences consistant dans la reproduction d'expériences précédentes ou de quelques nouvelles suggérées par l'un ou l'autre des deux physiciens. Toutes ces expériences ont été pratiquées en plein air, à la campagne, car on se proposait pour objet d'éviter toute erreur possible résultant des effets

(1) *Sur la tension superficielle des liquides*, par G. Van der Mensbrugghe, Répétiteur à l'Université de Gand. Mémoires couronnés par l'Académie Royale de Belgique, tome XXXIV, 1869. — Voir aussi *Phil. Mag*. de décembre 1869 et de janvier 1870.

de la poussière flottant dans l'air d'une chambre. On avait prétendu que certains des premiers résultats relatifs à l'action des pellicules auraient pu se trouver viciés par la présence de la poussière dans l'air ; mais, bien que ces craintes ne soient pas fondées, c'est avec beaucoup de satisfaction qu'on a pu constater les conditions supérieures de facilité et de certitude que présentent les expériences de ce genre pratiquées en plein air sur celles que l'on fait dans l'intérieur d'une chambre. En plein air il vient à souffler parfois sur l'orifice des éprouvettes un vent doux, suffisant pour produire une faible note musicale, sans aucune action nucléaire, à moins qu'il ne vienne à tomber dans la solution un grain de suie, ou quelque petit insecte ; mais en général, pour prévenir l'évaporation, on avait soin de couvrir les éprouvettes avec des verres de montre ou de petites soucoupes, excepté au moment de faire l'expérience.

Le sel employé dans les expériences suivantes était le sulfate de soude, en gros cristaux, sans efflorescence. On adoptait comme conditions de succès l'une des trois proportions suivantes, qui seront indiquées quand il sera nécessaire, à savoir : 1 partie de sel pour une partie d'eau, 2 parties de sel pour 1 partie d'eau, et 3 parties de sel pour 1 partie d'eau. On faisait d'abord chaque solution dans une grande éprouvette, puis on la filtrait bouillante dans huit ou dix petits flacons, on la faisait rebouillir, on la recouvrait de verres de montre ou de capsules, et on la portait sur un plateau en plein air. On eut soin de répéter plusieurs fois la même expérience sur des solutions de même force.

Les faits que cette enquête expérimentale avait pour but de mettre et a mis en lumière sont énoncés dans les quatre propositions suivantes :

1° Une solution saline sursaturée, contenue dans un flacon catharisé, restera liquide aussi longtemps que sa surface libre, ou sa surface en contact avec les parois du flacon, ne subira sur un ou plusieurs points aucune diminution notable de tension superficielle.

2° Si nous déposons sur la surface d'une solution saline sursaturée une goutte de liquide de tension faible, elle s'étend, et il se produit une cristallisation, soit immédiate, soit très-peu de temps après.

3° Quand un liquide de tension faible produit une cristallisation après un temps plus ou moins court, un liquide de force contractile considérable (comme de l'eau pure), n'agissant pas chimiquement sur la solution, peut venir en contact avec elle sans produire de changement d'état.

4° Un liquide de tension faible détermine une cristallisation ; ainsi un solide plus ou moins couvert d'une pellicule de ce genre de liquide produit un changement d'état, soit immédiatement, soit bientôt après.

Mais avant de pouvoir tirer aucune conclusion des résultats de ces expériences concernant la relation entre la surface superficielle des liquides et l'état de sursaturation dans les solutions salines, il était nécessaire de mesurer la tension superficielle des solutions de sel de Glauber sur lesquelles on opérait. En conséquence on détermina les données suivantes : *premièrement*, pour une solution contenant 1 partie de sel et 1 partie d'eau, et *secondement*, pour une solution contenant 2 parties de sel et 1 partie d'eau : le tube capillaire avait un diamètre de 1,598 millim.;

Densité de la solution de une partie de sel pour une partie d'eau à 17° c. 1,198.

Hauteur capillaire 11 millim.

Densité de la seconde solution 1,289.

Hauteur capillaire 8,7 millim.

Ces données, d'après la formule $t = \frac{r.h.d.}{2}$ (où t est la tension, h la hauteur, d la densité, et r le rayon du tube), ne donnent pas pour les tensions superficielles des solutions en question plus de 4 à 5.2.

Si l'état de sursaturation des solutions salines dépend de la permanence de la tension superficielle, d'après la première proposition, toute force ou substance qui produit une diminution notable de cette sorte de tension devra faire cesser l'état de sursaturation.

Une de ces forces est la chaleur, et ces sortes de substances, comme le camphre, l'acide benzoïque, etc., qui ont un effet marqué pour abaisser la tension superficielle de l'eau, subissent alors ces remarquables mouvements gyratoires qui sont si bien connus.

Action de la chaleur. On l'appliquait non de manière à affecter la solution tout entière, mais localement, de façon à élever la température sur une partie ou un point de la surface, les autres parties restant à la température de l'atmosphère.

1re *Expérience.* Quatre flacons, à moitié pleins chacun d'une solution sursaturée de sel de Glauber (2 parties de sel pour 1 d'eau), furent exposés pendant une heure à une température de 0°. Un tisonnier chauffé au rouge fut alors introduit par le col de chaque flacon, et dans deux d'entre eux le fer rouge fut mis en contact avec la surface de la solution de manière à élever un certain volume de vapeur. Il ne se produisit de séparation de sel ni dans un cas ni dans l'autre.

2e *Expérience.* — Une solution contenant une masse considérable de sel à sept atomes au fond du flacon fut passée sur la flamme d'une lampe à alcool dans une direction rectiligne, allant du fond du flacon jusqu'au goulot, de façon à n'échauffer qu'une partie du flacon. Le seul résultat fut de convertir une partie de la surface du sel à sept atomes en sel anhydre; mais il n'y eut point de cristallisation. Au bout de quelques heures, la partie anhydre avait repris son eau de cristallisation.

3e *Expérience.* — Une solution de deux parties de sel pour 1 d'eau, laissée vingt-quatre heures en plein air, fut découverte, et l'on y versa goutte à goutte de l'eau presque bouillante. Un léger nuage se produisit sur la solution, mais il n'y eut pas de cristallisation.

Le lendemain une très-faible solution de sel de Glauber, presque bouillante, fut versée goutte à goutte sur la surface sans produire d'action nucléaire.

4e *Expérience.* — On remplit avec la solution de 2 de sel pour 1 d'eau la partie sphérique d'un ballon de huit onces. Des solutions de deux forces différentes, 1 de sel pour 1 d'eau, et 3 de sel pour 1 d'eau, y furent versées sans déterminer aucune action nucléaire.

5e *Expérience.* — A travers une solution de 1 de sel pour 1 d'eau, on filtra une solution presque bouillante de 3 de sel pour 1 d'eau. Les gouttes descendirent jusqu'au fond du flacon en beaux anneaux tourbillonnants, mais il n'y eut point encore d'action nucléaire.

6e *Expérience.* — On inclina le col d'un flacon sur la flamme d'une lampe à alcool, de façon à mettre en ébullition la partie supérieure de la solution, pendant que la partie inférieure restait froide. L'eau s'échappa en vapeur, en laissant une croûte de sel contre les parois du col. Ce sel, quand le flacon fut remis en place, absorba graduellement de l'humidité, coula goutte à goutte dans le flacon, et se fondit dans la solution, sans que cette action, pas plus que la chaleur, déterminât de force nucléaire.

Ces expériences sur l'action de la chaleur conduisirent à cette conclusion, que, bien qu'il puisse y avoir diminution de la tension superficielle des solutions, il n'en résulte aucun trouble apparent dans l'état de sursaturation. Ce résultat peut s'expliquer par la faiblesse de tension de la solution (= 4), et par le fait que la chaleur appliquée localement ne la diminue pas d'une manière notoire. La chaleur tend en outre à faire obstacle à la cristallisation en augmentant la solubilité.

On essaya nombre d'expériences relatives à l'action du camphre récemment sublimé et de l'acide benzoïque sur les solutions. Les flacons contenant ces corps flottant sur les solutions furent bouchés avec un tampon de coton, et conservés pendant plusieurs mois, durant lesquels on leur imprima à diverses reprises de fortes secousses; il ne se produisit aucune séparation de sel. Le camphre et l'acide benzoïque formèrent de faibles solutions avec les solutions sursaturées. Mais la tension de l'eau camphrée étant = 4.5, et celle d'une solution aqueuse d'acide benzoïque restant dans les limites de 4 à 5.2, la différence de tension est trop faible pour produire une rupture d'équilibre. La même remarque s'applique à une solution de savon et de bicarbonate de soude, qui n'ont pas d'action nucléaire.

Action des vapeurs. — Des recherches récentes ont démontré que la présence de vapeurs dans l'air d'une chambre, même en faible quantité, a une influence marquée pour abaisser la tension de l'eau et des autres liquides, de façon à expliquer la discordance de valeur entre certaines mesures soigneusement prises des hauteurs capillaires de ces sortes de liquides. Quant à l'action nucléaire des vapeurs de certains liquides volatils sur des solutions salines sursaturées, M. Tomlinson a fait de nombreuses observations qui l'ont porté à conclure que ces vapeurs sont puissamment nucléaires, quand elles se condensent sous forme de pellicules à la surface des solutions, comme quand la dernière est d'une plus basse température que la première. Pour déterminer si les vapeurs comme telles, c'est-à-dire sans former de pellicules, ont quelque action nucléaire, on a pratiqué les expériences suivantes : on présentait la vapeur à la surface de la solution au moyen d'un morceau d'éponge attaché à l'extrémité d'une tige de verre, et trempé dans le liquide volatil, puis passé avec soin au travers du col de chaque flacon, de manière à ne pas toucher la paroi ; on plaçait l'éponge tout contre la surface, mais en prenant bien garde de la toucher (1). L'éponge fut maintenue sur la solution pendant quelques minutes, puis retirée avec précaution ; on recouvrit les flacons, en laissant l'intérieur chargé de vapeur. Les liquides employés étaient l'éther, l'alcool absolu, le chloroforme, le bisulfure de carbone, l'esprit de bois et le benzole. Les solutions étaient des trois forces, et la température de 4°4 à 8°3. Quelques heures, et même quelques jours après, les flacons exhalaient une forte odeur des vapeurs en question; mais il n'y avait pas eu séparation de sel.

La vapeur de camphre fut aussi expérimentée de la manière suivante :

7° *Expérience*. — Une certaine quantité de camphre fut placée dans une petite cornue, dont le col, rendu

(1) Dans quelques cas l'éponge humectée vint à toucher la solution pour un instant, de façon à en enlever une faible partie qu se cristallisa immédiatement sur l'éponge; mais la cristallisation ainsi produite, n'étant pas en contact avec la solution, cette dernière se maintint à l'état liquide.

chimiquement net en le chauffant dans la flamme d'une lampe à alcool, venait s'engager dans un flacon contenant une solution de 2 parties de sel pour 1 d'eau. On fit alors bouillir le camphre dans la panse de la cornue, de manière à produire un puissant jet de vapeur sur la surface de la solution. Le camphre se condensa sur cette surface sous forme d'une fine poudre blanche, sans aucune action de noyaux.

Dans ce cas, une partie de la vapeur de camphre ou de la poudre se dissoudrait dans la solution sans y produire une diminution notable de tension superficielle. La même remarque s'applique aux autres vapeurs, à l'action du camphre solide et de l'acide benzoïque, de la chaleur, etc.

De même aussi, comme nous l'avons établi dans la Section V, la glycérine se mélange avec la solution sans aucune action nucléaire. La tension superficielle de la glycérine est 4,2, de sorte qu'elle ne peut avoir aucun effet pour abaisser la tension superficielle d'une solution = 4, tandis qu'elle ne peut suffisamment abaisser la tension d'une solution 5,2 pour produire une rupture d'équilibre.

Il a pareillement été démontré que le bisulfure de carbone ($t = 3{,}3$ à $3{,}5$) et le chloroforme ($t = 2{,}98$ à $3{,}12$) formaient des lentilles sur la surface de la solution, et que si l'on agitait doucement le flacon, elles tombaient au fond, où elles restaient constamment sans action nucléaire. La créosote ($t = 3$) se comporte de la même manière. Il importe de remarquer que dans tous ces cas, la tension $t + c$ doit être plus grande que 4,5, de sorte qu'il ne peut y avoir de séparation de sel.

Arrivons maintenant à l'examen de la seconde proposition, à savoir que, si sur la surface d'une solution saline sursaturée on dépose une goutte d'un liquide de tension faible, la goutte s'étend et il y a cristallisation. Il a été démontré dans la Section V que des gouttes d'éther, d'alcool et de liquides volatils analogues, aussi bien que certaines huiles, volatiles ou fixes, s'étendent sur la surface des solutions et agissent comme de puissants noyaux. D'après la théorie de la tension superficielle, un liquide comme l'éther, de tension 1,88, ou l'alcool 2,5, ou l'huile de naphthe 2,11, ou l'huile de lavande 2,9, doit s'étendre sur la surface d'une solution sursaturée de sel de Glauber, dont la tension superficielle s'élève jusqu'entre 4 et 5,2. Ceci est vrai dans un grand nombre de cas qui ont été observés, et les phénomènes sont en parfait accord avec la théorie; mais il y a des cas où les liquides de tension faible, comme l'huile de térébenthine 2,2 à 2,4, et quelques variétés d'huile de ricin, ne produisent pas de pellicules, mais des lentilles bien formées, et restent ainsi pendant bien des heures et même des jours. Quincke semble avoir rencontré des cas de cette sorte dans ses excellentes recherches sur les phénomènes capillaires de la surface commune de deux liquides (1), et il essaye d'expliquer ces exceptions à la loi générale,

(1) Annales de Poggendorff, CXXXIX.

en établissant que, si une goutte de forme lenticulaire d'un liquide 2 (de tension basse) reste sur la surface libre d'un liquide 1 (de tension beaucoup plus élevée), sans s'étendre, il est alors certain, dans la plupart des cas, et probablement dans tous, que la surface libre du liquide 1 est rendue impure par une couche légère d'un liquide étranger 3. Dans les expériences sur les solutions salines sursaturées, la bouteille, les filtres et les solutions doivent être, comme on l'a déjà démontré, chimiquement nets, de sorte que, si on a fait bouillir et filtrer la solution dans des flacons nettoyés, où on la fait bouillir encore, puis, qu'on recouvre et qu'on laisse refroidir, au plein air des champs, il est difficile d'imaginer l'existence d'une pellicule comme celles dont parle M. Quincke. En outre, une pareille pellicule existât-elle, la solution, en se refroidissant, deviendrait probablement solide sous son action. A dire vrai, c'est ce qui arrive quelquefois dans le cas des flacons qui ont déjà servi pour les expériences sur l'action nucléaire des huiles; car, quelque soin qu'on ait mis à les nettoyer, il peut arriver que sur une douzaine un ou deux ne soient pas complétement nets; de sorte que, pendant le refroidissement d'une solution bouillante, une pellicule détachée des parois du vase peut s'étendre sur la surface avec une action nucléaire. Afin donc de prévenir, si c'était possible, la formation d'une telle pellicule, on fit l'expérience suivante :

8e *Expérience*. — On fit bouillir et filtrer dans

quatre flacon une solution de 1 partie de sel de Glauber pour 1 partie d'eau, avec addition d'un morceau de potasse caustique. Après refroidissement, on déposa une goutte d'huile de ricin sur la surface de chacune des solutions. Il y eut d'abord aplatissement, puis la goutte reprit bientôt la forme lenticulaire. Pendant une heure il n'y eut point d'action de noyaux. En tournant ou agitant les flacons, on déterminait une diffusion de l'huile à travers la solution, sans action nucléaire.

Dans une expérience décrite Section V, on grattait des morceaux de stéarine dans une solution, ce qui produisait une action nucléaire immédiate. Dans ce cas, la stéarine fournissait la matière pelliculaire qui déterminait la solidification de la solution. La solution était bouillie avec la stéarine, et, en refroidissant, la stéarine se formait en disques solides sans action nucléaire, malgré de fréquentes secousses imprimées au flacon. Ici la solution bouillante avait saponifié ou écarté d'autre manière la matière formant pellicule, ou bien, en d'autres termes, avait rendu la stéarine chimiquement nette.

Il y a aussi une difficulté dans le cas de l'huile de térébenthine, comme le montre l'expérience suivante

9e *Expérience.* — Une goutte d'huile de térébenthine, vieille, mais claire et brillante, fut déposée à la surface d'une solution contenant 2 parties de sel pour 1 d'eau. La goutte s'aplatit en forme de pellicule, et la solution devint immédiatement solide. On distilla ensuite la térébenthine, et une goutte de cette huile distillée fut déposée sur une solution semblable : il s'y produisit une lentille bien formée, sans action nucléaire, bien que les flacons fussent laissés en repos pendant quelques jours.

Or, la tension de la vieille huile qui fut d'abord employée est = 2,2 ; et si l'effet de la distillation eût été d'accroître considérablement la tension, l'expérience eût été inintelligible d'après la théorie ; mais en la mesurant, on trouva que la tension n'était que de 2,4.

La Section V rapporte un cas à peu près semblable, où une vieille huile d'amandes amères avait une puissante action de noyaux, pendant que la même huile fraîchement distillée restait sans action, mais se convertissait en acide benzoïque, toujours sans aucune séparation de sel. Au bout de quelques jours, pour s'assurer que la solution était encore sursaturée, on la toucha avec un fil de fer non nettoyé, et elle devint immédiatement solide.

Néanmoins, il y a encore un grand nombre de cas analogues dans lesquels des huiles et d'autres liquides s'étendent sur la surface des solutions avec une action nucléaire, de manière à justifier l'influence indiquée par la théorie. Bien des cas ont été établis dans la Section V ; mais nous pouvons en répéter ici un petit nombre, dans le but de comparer l'action des liquides de ce genre sur des solutions de différentes forces, ce que l'on n'avait pas encore fait.

Si nous prenons un certain nombre d'huiles dont la tension varie de 2,5 à 3,5, une goutte de ces huiles, d'après la théorie, doit s'étendre sur la surface d'une solution où $t = 5,2$, et ne s'étendre en aucun cas sur la solution où $t = 4$.

10e *Expérience.* — On prépara douze flacons contenant une solution de 1 partie de sel pour 1 partie d'eau, et l'on obtint des pellicules, avec cristallisation immédiate des solutions au moyen d'une goutte des huiles suivantes : l'huile pâle de veau marin ou phoque, l'huile de spermacéti, l'huile de graine de coton, l'huile-*niger*. Une goutte d'huile de lin formait lentille, mais elle ne tardait pas à se briser, et il en divergeait des cristaux. Une goutte d'huile de ricin formait lentille sans action nucléaire.

11e *Expérience.* — On a fait chauffer sur une lampe trois des solutions précédentes solidifiées, puis on les a recouvertes après l'ébullition. L'huile se rassembla à la surface, formant un nombre infini de petits disques. Le lendemain matin une des solutions fut trouvée cristallisée ; les deux autres se solidifièrent après qu'on eut doucement agité les flacons.

Dans ce cas, à mesure que les solutions se refroidissaient, ou qu'on les agitait doucement, les disques s'étendaient en pellicules avec action nucléaire.

12e *Expérience.* — On filtra dans douze flacons une solution de 3 parties de sel pour 1 d'eau. Une goutte de chacune des huiles suivantes déposée sur les surfaces des solutions prit la forme lenticulaire, sans aucune séparation de sel : ces huiles étaient de l'huile de veau marin ou phoque, de l'huile d'olive, de l'huile de colza, de l'huile de ricin, de l'huile de croton, du niger, du spermacéti et de l'huile de graine de coton.

Ainsi, ce résultat est en plein accord avec la théorie.

13e *Expérience.* — On employa une solution de même force que dans l'expérience précédente. Une goutte d'huile de phoque, de spermacéti, de graine de coton et de *niger* s'étendit en pellicules avec une puissante action nucléaire. L'huile de lin et celle de castor formèrent des lentilles sans aucune action de noyaux.

Il est important de remarquer que, le jour où fut faite l'expérience n° 12, le temps était lourd, humide et nébuleux, tandis que, pendant l'expérience n° 13, il fut clair et brillant. Voici plusieurs années que M. Tomlinson a remarqué que la formation des figures de cohésion sur la surface de l'eau était beaucoup plus rapide et plus décisive, avec des résultats beaucoup plus beaux et plus saillants, par un beau temps que par un temps lourd, humide, pluvieux ou nébuleux. La même remarque s'applique aux mouvements du camphre sur l'eau, et à ces curieux phénomènes connus sous le nom de « courants du camphre » ou « pulsations de camphre » (1). Il est vrai que, dans la produc-

(1) Phil. Mag. Décembre 1869.

tion de tous ces phénomènes, ainsi que l'a démontré M. G. Van der Mensbrugghe (1), la tension superficielle joue un rôle très-important, et que cette tension s'affaiblit dans les temps lourds et nébuleux, probablement par la condensation de la vapeur des matières volatiles contenues dans l'atmosphère. Une goutte de liquide, dans ces conditions, peut ne pas s'étendre sur la surface de l'eau ou du mercure, ce dernier étant particulièrement sensible à ces sortes d'influences; tandis que, par un temps clair, ces surfaces sont particulièrement actives, et l'on voit réussir des expériences qui quelques heures ou quelques jours auparavant n'avaient pu produire les résultats attendus.

En outre, ainsi que nous l'avons signalé dans la Section V, la viscosité de la surface, ou de la goutte de liquide placée sur elle, peut modifier considérablement l'action de la loi par laquelle un liquide B s'étend sur la surface A. Une solution saline sursaturée a une considérable viscosité de surface, qu'elle conserve plusieurs heures après être refroidie. Dans le cours d'environ vingt-quatre heures, les particules les plus aqueuses viennent à la surface, et la tension s'accroît; de sorte que la même surface qui peut avoir une force de tension suffisante pour déterminer l'extension sur elle d'une goutte d'huile, peut quelques heures plus tard la retenir sous forme lenticulaire (2).

(1) Sur la tension superficielle des liquides.

(2) Quelques-uns des physiciens distingués qui sont maintenant

Il y a aussi certaines modifications auxquelles sont sujettes les huiles, etc., par suite de la présence dans l'air d'ozone ou d'autres matières, qui peuvent, jusqu'à un certain point, empêcher l'action de surface de tension de produire les résultats attendus.

Nous avons montré dans la Section V que quand une huile, etc. prend la forme lenticulaire, on peut agiter la solution de manière à briser la lentille en une multitude de globules, et donner à la solution l'apparence d'une émulsion. En pareil cas, les tensions des deux liquides sont de valeur à peu près égale ; si non, l'agitation produit souvent la cristallisation ; mais, même dans le premier cas, il a été établi qu'une secousse soudaine peut quelquefois produire une solidification immédiate de la solution. Maintenant, soit la tension de la solution 5,2, et celle de l'huile d'olives 3,7, et la tension à la surface de séparation de la solution et de la lentille d'huile environ 2, alors la somme 3,7 + 2 est égale à la tension de la solution, et l'extension sur la surface devra être impossible, à moins qu'un temps

engagés dans l'étude des phénomènes de tension superficielle, mentionnent les effets embarrassants de la viscosité superficielle. Ainsi M. Lüdtge remarque qu'une solution de savon ($t = 2.8$ à 3) ne s'étend pas sur une solution de bois de Panama ($t = 5.7$). D'une part, M. Van der Mensbrugghe a demontré que la viscosité de la surface explique pourquoi une solution de savon ne s'étend pas sur une solution de saponine ou d'albumine ; d'autre part, la goutte liquide étant visqueuse, il n'y a pas extension, ou il ne s'en produit qu'une bien faible, parce que la légère différence de tension se trouve équilibrée par la résistance du liquide visqueux.

clair et beau, des vases et des solutions d'une netteté absolue, et l'absence de viscosité superficielle ne viennent concourir à accroître la tension superficielle de la solution. A la surface de séparation de la solution et du verre, l'extension peut être possible dans le cas de certaines huiles, sans le concours de ces circonstances. Supposons une goutte, ou un mince globule d'huile, arrivant en contact direct avec le côté mouillé solide de la solution, comme par l'effet de secousse que nous avons précédemment signalé, la pellicule de la solution est déplacée, et l'huile peut mouiller le côté solide. Il peut arriver que la tension *t* de la solution à la paroi du flacon soit plus grande que la somme de la tension *t* de la surface de séparation de la solution et de l'huile, plus la tension de l'huile en contact avec le côté solide. Le cas échéant, ainsi s'explique la solidification immédiate qui suit la secousse.

On peut voir alors que, quand la goutte d'huile, etc. reste comme une lentille sur la surface, il y a une diminution de tension à la surface de la solution en contact avec l'huile. Mais, en pareil cas, la tension n'est pas assez abaissée pour rendre l'équilibre moléculaire impossible à ce point, et pour briser tout le système de sursaturation. Mais si l'on vient à agiter la solution, de façon à mettre en contact avec la surface du verre une partie de la goutte, il y aura encore diminution de tension à la surface de la solution en contact avec le solide, et dès lors la diminution est suffisante pour produire la cristallisation. Il semble ainsi que les huiles peuvent agir différemment, selon qu'elles modifient soit la tension du liquide fraîchement exposé à l'air, soit la tension du liquide en contact avec le verre, tension qui n'est pas de la même valeur.

Quant à la Proposition III, il n'y a pas de difficulté. Un liquide de force contractile considérable, comme de l'eau pure, ne produit pas de séparation de sel dans une solution de force moins contractile. Ceci explique un grand nombre de cas déjà décrits, dans lesquels des solutions exposées durant plusieurs heures consécutives sous une pluie abondante ne cristallisent pas, à moins que la pluie n'amène quelque grain de suie ou quelque saleté qui abaisse la tension superficielle de la solution. Nous savons, en effet, qu'il n'y a pas de corps ayant une force de tension supérieure à celle de la solution, et n'agissant pas chimiquement sur elle, qui ait quelque influence pour produire la cristallisation.

La Proposition IV s'accorde également avec les phénomènes. Une baguette de verre ou quelque autre corps solide, plus ou moins enduit d'une pellicule de liquide de tension basse, quand il arrive en contact avec la solution, détermine une cristallisation en abaissant la tension superficielle. Telle est alors la fonction d'un noyau relativement aux solutions salines sursaturées. Si le solide est rendu chimiquement net, on peut le plonger dans la solution sans en altérer la tension, et il ne se produit pas alors de séparation de sel. Et l'on peut remarquer qu'il peut se présenter le cas où un cristal de sel lui-même serait amené en contact avec la solution sans en troubler la tension, et par conséquent sans avoir aucune action sur elle. On n'a jamais prétendu qu'un cristal de sel ne soit pas un bon noyau pour une solution sursaturée de sa propre espèce. Tout ce que l'on a établi, c'est que, sous des conditions spéciales, un cristal de ce genre peut être introduit dans la solution sans agir comme noyau.

FIN

TABLE DES MATIÈRES

PARIS. — TYP. WALDER, RUE BONAPARTE, 44.

ACTUALITÉS SCIENTIFIQUES
PUBLIÉES PAR M. L'ABBÉ MOIGNO.

PREMIÈRE SÉRIE

I. SUR LA RADIATION, par M. John Tyndall, traduit de l'anglais. Brochure in-18 jésus. 1 fr. 25

II. SUR LA FORCE DE COMBINAISON DES ATOMES, par M. A.-W. Hofmann; traduit de l'anglais, avec un aperçu de philosophie chimique. In-18 jésus.. 1 fr. 25

III. ANALYSE SPECTRALE DES CORPS CÉLESTES, par M. William Huggins, traduit de l'anglais. In-18 jésus. 1 fr. 50

IV. LA CALORESCENCE — INFLUENCE DES COULEURS ET DE LA CONDITION MÉCANIQUE SUR LA CHALEUR RAYONNANTE, par M. John Tyndall, traduit de l'anglais. In-18 jésus. 1 fr. 50

V. LA FORCE ET LA MATIÈRE. — LA FORCE. — DEUX CONFÉRENCES de M. Tyndall, traduites de l'anglais, avec appendice sur la nature et la constitution intime de la matière. In-18 jésus. 1 fr. 50

VI. LES ÉCLAIRAGES MODERNES. Conférences de M. l'Abbé Moigno.— Éclairage aux huiles et essences de pétrole. — Éclairage au magnésium. — Éclairage au gaz oxhydrogène. — Eclairage à la lumière électrique. — Régulateur de la pression du gaz. — In-18 jésus. 2 fr.

VII. SEPT LEÇONS DE PHYSIQUE GÉNÉRALE, par Augustin Cauchy, avec un appendice sur les rapports de la science avec la foi. In-18. 1 fr. 50

VIII. PHYSIQUE MOLÉCULAIRE. Ses conquêtes, ses phénomènes et ses applications. In-18 jésus. 2 fr. 50

IX. SIX LEÇONS SUR LE CHAUD ET LE FROID, faites à un jeune auditoire pendant les vacances de Noël, par M. J. Tyndall, traduites de l'anglais. In-18 jésus. 2 fr.

X. FARADAY INVENTEUR, par M. John Tyndall, traduit de l'anglais. In-18 jésus. 2 fr.

XI. SACCHARIMÉTRIE OPTIQUE, CHIMIQUE ET MELASSIMÉTRIQUE, in-18 jésus. 3 fr. 50

XII. MELANGES DE PHYSIQUE ET DE CHIMIE PURES ET APPLIQUÉES. In-18 jésus. 3 fr. 50

XIII. SCIENCE ANGLAISE. Son bilan en août 1868. Réunion de Norwich. In-18 jésus. 2 fr. 50

XIV. SCIENCE ANGLAISE. Son bilan en 1869. Réunion à Exeter de l'Association britannique pour l'avancement des sciences. in-18 jésus de 416 pages. 3 fr. 50

XV. LES ALIMENTS, quatre Conférences faites à la Société des Arts de Londres, par M. le docteur Letheby, traduites de l'anglais. In-18 jésus. 3 fr.

XVI. ESQUISSE HISTORIQUE DE LA THÉORIE DYNAMIQUE DE LA CHALEUR, par M. Peter Guthrie Tait, professeur à l'Université d'Edimbourg. Traduite de l anglais. Un vol. in-18 jésus, 3 fr. 50.

XVII. CONSTITUTION DE LA MATIÈRE et ses mouvements, nature et cause de la pesanteur, par le P. Leray, de la congrégation des Eudistes, avec une préface par M. l'abbé Moigno. In-18 jésus, orné de figures, 2 fr.

XVIII. THÉORIE DU VÉLOCIPÈDE. — SUR LES LOIS DE L'ÉCOULEMENT DE LA VAPEUR, par M. Macquorn Rankine, professeur à l'Université de Glascow. Traduction par M. J.-B. Viollet, revue par M. l'abbé Moigno. Br. in-18 jésus. 1 fr. 25

XIX. LES MÉTAMORPHOSES CHIMIQUES DU CARBONE. Leçons faites à un jeune auditoire dans Royal-Institution, par M. William Odling. In-18 jésus. 2 fr.

XX. GÉOLOGIE DES ALPES ET DU TUNNEL DES ALPES, par M. Elie de Beaumont *Nouvelles observations géologiques sur les roches anthracifères des Alpes*, par M. Sismonda, traduit de l'italien par M. l'abbé Moigno. Un volume in-18 jésus, orné d'une carte géologique du Tunnel des Alpes. 2 fr.

XXI. LES PHÉNOMÈNES ET LES THÉORIES ÉLECTRIQUES, programme d'un cours en sept leçons, par M. le professeur Tyndall, traduit de l'anglais. In-18 jésus. 1 fr. 50

XXII. LA LUMIÈRE, notes d'un cours de neuf lecons. — Sur le Rôle scientifique de l'Imagination, par M. John Tyndall, professeur à Royal-Institution, traduit de l'anglais par M. l'abbé Raillard, revu par M. l'abbé Moigno, accompagné d'un Appendice sur l'arc-en-ciel, par M. l'abbé Raillard. In-18 jésus de 184 pages. 2 fr.

XXIII. RECHERCHES SUR LES AGENTS EXPLOSIFS MODERNES et sur leurs applications récentes, recueillies et résumées par M. l'abbé Moigno. In-18 jésus de 144 pages. 2 fr.

XXIV. RELIGION ET PATRIE vengées de la fausse science et de l'envie haineuse, par M. l'abbé Moigno. In-18 jésus de 144 pages. 1 fr. 50

XXV. ÉLÉMENTS DE THERMODYNAMIQUE, par J. Moutier, ancien élève de l'Ecole polytechnique. In-18 jésus. 2 fr. 50

DEUXIÈME SÉRIE

COURS DE SCIENCE ILLUSTRÉE

I. L'ART DES PROJECTIONS, par M. l'abbé Moigno. Avec 103 figures interc. dans le texte. In-18 jésus. 2 fr. 50

II. LA PHOTOMICROGRAPHIE en 100 tableaux pour projection, texte explicatif, par M. Jules Girard. In-18 jésus. fr. 50

TYPOGRAPHIE WALDER, RUE BONAPARTE, 44.

www.ingramcontent.com/pod-product-compliance
Ingram Content Group UK Ltd.
Pitfield, Milton Keynes, MK11 3LW, UK
UKHW022111260726
13993UKWH00001B/437

9 782329 284965